THE FUTURE
INFINITE POSSIBILITY
JEREMY LIN TO YOUR 10 LIFE LESSONS REVELATION

未来无限可能

林书豪给你的10堂人生启示课

陈思云 ◎编著

中国华侨出版社

图书在版编目(CIP)数据

未来无限可能:林书豪给你的10堂人生启示课 /
陈思云编著.—北京:中国华侨出版社,2012.5(2015.7重印)

ISBN 978-7-5113-2291-3-01

Ⅰ.①未… Ⅱ.①陈… Ⅲ.①林书豪–生平事迹②成
功心理–通俗读物 Ⅳ.①K837.125.47②B848.4–49

中国版本图书馆 CIP 数据核字(2012)第063062 号

未来无限可能:林书豪给你的 10 堂人生启示课

编　　著 / 陈思云
责任编辑 / 晴　光
责任校对 / 王京燕
经　　销 / 新华书店
开　　本 / 787×1092 毫米　1/16 开　印张/17　字数/247 千字
印　　刷 / 北京建泰印刷有限公司
版　　次 / 2012 年 5 月第 1 版　2015 年 7 月第 2 次印刷
书　　号 / ISBN 978-7-5113-2291-3-01
定　　价 / 30.80 元

中国华侨出版社　北京市朝阳区静安里 26 号通成达大厦 3 层　邮编:100028
法律顾问:陈鹰律师事务所
编辑部:(010)64443056　　64443979
发行部:(010)64443051　　传真:(010)64439708
网址:www.oveaschin.com
E-mail:oveaschin@sina.com

前言
QIANYAN

在姚明退役之后，中国的篮球氛围从未像现在这样狂热过，这一切只是因为一个人的出现——林书豪。"林书豪的崛起是一个伟大的传奇故事，这甚至已经超越了体育本身的意义。"美国总统奥巴马这样评价林书豪的疯狂表现所带来的"linsanity"。诚然，林书豪的崛起是当代最好的励志故事，每一个年轻人都可以从他的经历当中看到自己成功的希望，这是一出不折不扣的草根传奇。

平心而论，林书豪并不具备超人的身体天赋，他有的就是必胜的信心和完全融入美国文化的底蕴。他没有高大的身材，没有壮硕的体魄，没有超乎寻常的速度，也没有身手矫健的变向，外围投篮能力也不太好，和最近几年涌现出的大批天赋异禀的优异控卫比起来，林书豪实在是没有什么值得炫耀的东西。他就是普普通通的篮球运动员。这种身体条件的运动员，具备广泛的选拔基础，甚至在国内有时候都无人问津。从勇士到火箭，甚至在来到尼克斯的很长一段时间，林书豪的世界都黯然无光，主教练似乎根本没有注意到这个"丑小鸭"的存在！

但是他赶上了时机，而且以最令人满意的方式、最绚烂的表现，挽救了自己的前程，也挽救和回馈了德安东尼教练的放手一搏。机会总是留给有准备的人，就在尼克斯将陷入万劫不复的深渊，在纽约控卫几乎没人可用的时候，在德安东尼死马当活马医的最后一次尝试中，林书豪用他的自信，打出一片天空。看起来，一切都是那么巧合，但实际上，林书豪的成功却并非只是仅仅凭借过人的勇气，我们可以从他的身上看到很多成功人士的特质。林书豪的故事不应该仅仅作为传奇而被人们口口相传，那些有理想有抱负的年轻人更应该从林书豪的身上挖掘出值得自己效仿的闪光点，这就是这本《未来无限可能——林书豪给你的 10 堂人生启示课》成书的意义。

年轻没有极限，未来无限可能。虽然年轻的你现在还只是个默默无闻的草根族，但是林书豪的光芒将会照耀着你，林书豪的精神将会激励着你。现在的林书豪在接受采访时可以自豪地说，我的偶像是乔丹，他的精神激励着我。10 年之后的你在接受采访时同样可以自豪地说，如果没有那股席卷世界的"林旋风"，就没有我的今天，我是林书豪的粉丝！

目录

MULU

第一课
当所有人都不相信你时,你仍然要相信自己

　　林书豪是第四位能够进入 NBA 的哈佛学生,他也只是一小撮能够登陆 NBA 的亚裔美国人之一。在赛季初,他曾被尼克斯队下放到 NBDL 球队宾州伊利海鹰队。在这个赛季加盟尼克斯队之前,林书豪还曾被两支其他的 NBA 球队裁掉。但是现在,他是举世瞩目的体育明星,是纽约尼克斯队的灵魂人物。看看林书豪的经历吧,即使没人相信你了,你也不能对自己绝望。

第二课
机会来临时，紧紧抓住它

尼克斯队让林书豪打首发实属无奈之举，他们的伤病球员太多了。拜伦·戴维斯一直无法上场，其他控球后卫也不能出战。卡梅罗·安东尼受伤了，阿玛雷·斯塔德迈尔因为家人去世而离队奔丧。如果林书豪浪费掉这个机会，他将不会得到我们的关注，但是他很好地抓住了这个机会。在生活中，你从不知道机会何时会降临，通常，在你最不期待的时候，机会就会出现。请最大限度地利用这些机会，它们很珍贵，经不起挥霍。

第三课
你的家人永远与你同在，你的心也应该和他们在一起

直到北京时间 2012 年 2 月 8 日，林书豪才获得尼克斯队的保障性合同，不用为余下来的赛季而担忧。在这之前，他随时都可能被球队裁掉。此前他只能在纽约市下东区的哥哥家睡沙发。林书豪的家人一直都相信他，在他快要放弃的时候也给予他支持，这使他坚守自己的信念。如果你希望家人也这样支持你，你需要在适当的时候有所表现，不要让他们失望。

第四课
找到你的优势,找到可以让你发挥优势的所在

林书豪不是迈克尔·乔丹或者科比·布莱恩特,他不是纯正的得分手。林书豪也不是斯蒂夫·纳什或者克里斯·保罗,他也不是纯正的传球手。林书豪的风格介于两者之间,既能依靠个人能力得分,也能依靠大局观串联球队送出助攻。林书豪很清楚自己的优势,而纽约尼克斯队正是一个能让他发挥优势的所在。

未来无限可能

林书豪 给你的10堂人生启示课

第五课
倔强地面对挫折和失败

爆发前的林书豪是一个典型的即将完全失败的NBA球员。选秀大会上，没有人看好他；在球队中，他是替补的替补；在赛场上，他难以在零散的时间里一展所长。这种球员的出路只有两种，一种是像林书豪那样爆发，另一种是被迫离开NBA，去欧洲甚至中国讨生活。林书豪经历了一个NBA球员所经历过的一切挫折和失败，但是他倔强地挺住了，于是，他成功了。

第六课
做自己，不要成为他人的仿品

你必须做你自己。你不可能成为乔丹的仿品，永远不会有第二个乔丹。无论如何，你只需成为林书豪——你自己。这并不代表你不需要努力，这只是说你需要寻找并发扬你自己的特长。人们会喜爱本真的你，就像他们喜爱林书豪一样。朱迪·加兰曾说："永远做一流版本的自己，不做二流版本的别人。"请记住一点，人们喜欢你是因为你保持自我，而不是因为你在模仿他人。

第七课
保持谦虚,人生才有进步的余地

即使现在所有媒体都疯狂追逐林书豪,他依然保持谦逊,这会让队友和球迷更加喜爱他。如果有一天,你也能像林书豪那样飞黄腾达,报纸媒体为了增加销量而希望将你放在头版,千万记得也要像他那样谦逊,别让聚光灯晃花了眼睛,别让荣誉冲昏了头脑。

林书豪
给你的 10 堂人生启示课
未来无限可能

第八课
助攻别人，当你使周边的人更闪耀时，他们会更喜爱你

　　如果你能给身边的人也添光加彩，那么他们将一直喜欢你。之前，没有人知道史蒂夫·诺瓦克的三分球有多厉害，直到看到他和林书豪一起打球。而这也是尼克斯队的战绩突飞猛进的原因之一。当媒体簇拥在身边时，林书豪总是告诉他们自己的队友是多么的优秀，看看吧，这就是领袖的魅力。

第九课
不要忽视信念的力量

　　信念是一种无坚不摧的力量，当你坚信自己能成功时，你必能成功。精神的力量无法改变客观事物，但却可以对自身的行为形成影响。因此，请千万不要忽视信念的力量。

第十课
努力，努力，再努力

如果林书豪没有在这几年疯狂地提高他的球技，他就不可能抓住这次机遇。努力工作是没有捷径的，成功是努力的结晶。如果你母亲非常严厉，总是逼你去努力工作，那很好。如果不是，那就让你的意志成为你自己的鞭策！林书豪每天早起晚睡，没有人鼓励他。凭什么你应该有？你只能控制你能力范围内的东西，这意味着你需要比任何人都努力。

附录
林书豪给中国父母的启迪

第一课
当所有人都不相信你时，
你仍然要相信自己

林书豪是第四位能够进入 NBA 的哈佛学生，他也只是一小撮能够登陆 NBA 的亚裔美国人之一。在赛季初，他曾被尼克斯队下放到 NBDL 球队宾州伊利海鹰队。在这个赛季加盟尼克斯队之前，林书豪还曾被两支其他的 NBA 球队裁掉。但是现在，他是举世瞩目的体育明星，是纽约尼克斯队的灵魂人物。看看林书豪的经历吧，即使没人相信你了，你也不能对自己绝望。

相信自己，你可以创造奇迹

当"linsanity"席卷整个世界，当"林来疯"带领原本已经穷途末路的豪门纽约尼克斯队取得一场又一场的胜利，当一个从板凳最末端崛起的底薪球员拯救了帅位已经岌岌可危的名帅麦克·德安东尼的时候，没有人还会怀疑这个世界上是否真的有"奇迹"这种东西存在。而祖籍福建省漳浦县的华裔 NBA 球员林书豪创造这一系列的奇迹的最重要的一条秘诀就只有两个字——自信。

美国时间 2012 年 2 月 14 日，情人节之夜。林书豪和他的纽约尼克斯队远征加拿大多伦多，严寒的天气和主队多伦多猛龙队在那里等着他们。林书豪这场比赛最主要的对手将是猛龙队的控球后卫，来自西班牙的经验丰富的老将何塞·卡尔德隆。猛龙队并不算是一支顶级强队，但是 NBA 中根本就没有任何一支球队是真正任人宰割的鱼腩，攻陷远在加拿大的猛龙队主场，也并不是一件容易的事。卡尔德隆也并不是联盟中顶级的控球后卫，但他却是世界劲旅西班牙队中的主力球员，有着极强的投射能力和顽强的防守功底。

正如德安东尼教练赛前预料的那样，比赛的进程并不顺利。猛龙队开场就取得了领先，尼克斯队在大多数的时间里只能苦苦地追赶比分。终于，在林书豪的带领下，在距离全场比赛只剩 20 秒的时候，尼克斯队将比分追至 87：87 平。这也就意味着之前 47 分 40 秒的比赛都已经成为了并不重要的过去式。不过重要的是，尼克斯队在此时握有控球权，也就是说，他们手中握有绝杀比赛的机会。

关键时刻，德安东尼教练请求了全场比赛的最后一次暂停，以便布置最后一次进攻的战术。就在这时，表情平静的林书豪走向了德安东尼教练，冷静地说："请将最后一投的机会交给我，我不需要掩护，只需要队友们帮我拉开空间，我来和卡尔德隆一对一。"

众所周知，每一场比分胶着的比赛的最后时刻，都是巨星们互相角力的舞台，而林书豪即将成为这个舞台上最闪耀的明星中的一颗。林书豪中场拿球，谨慎地运球并用余光观察着飞速跳动的计时器。20秒，10秒，5秒，林书豪飞快地启动，卡尔德隆恰到好处地卡在了林书豪冲向篮筐的必经之路上。岂知林书豪并没有选择使用自己最擅长的带球突破，而是在三分线处急停，身体蓦地弹起，皮球旋转着，长虹贯日一般射穿了篮网！90:87！比赛还剩下0.5秒，尼克斯队赢定了！而此时此刻，林书豪的表现却迥异于科比的冷酷，不同于阿里纳斯的嚣张，在他的脸上，我们看到的是坚如磐石的自信。这个还远远算不上是超级球星的小伙子始终相信自己可以搞定比赛，可以投进那个至关重要的绝杀球。充满自信地要球，充满自信地绝杀，这是林书豪所创造的活生生的奇迹。

事实上，自信是根神奇的魔棒。一旦你真正在心中建立了自信，你将发现你整个人都会为之改变：气质会更优秀，能力会更强，做事会更有力量和勇气……简而言之，就是自信的确能创造奇迹。

过去人们比喻"不可能"的事情，会说"除非太阳从西边出来"，一遇到有困难的事情，总是认为"难于上青天"。但如果所有人都抱着这样的想法，那么这个世界就不会有电视、飞机和人造卫星了。世上本没有不可能的事，只是你能否找到合适的方法而已。对于能否完成某件事，虽然缺乏经验，但是能肯定地说："一定能做到！"这种经过思考的结论并不是依据过去的经验或自身的条件来决定，而是由自己脑子里正在思考的事物所决定的。意识的力量是无穷无尽的，学会控制自己的意识就学到了如何掌握生命的节奏。

汽车大王福特一生中完成了许多"不可能完成的计划"，著名的 V8 型汽车就是信念力量征服"不可能"的杰作。

当福特要求工程师们在一个引擎上铸造 8 个完整的汽缸时，目瞪口呆的工程师们一起反驳："这是不可能的事啊！"

"尽管大胆去做，"福特不做辩解，命令道，"不管花费多少时间，你们都要把任务完成。"

这些工程师没得选择，只好照着老板的命令硬着头皮去做。半年后，工作毫无进展，年底时，工程师们沮丧地告诉老板：的确无法完成这项计划。

"继续努力做，"福特不急不躁地说，"我就是需要这种车子，我一定要得到它。"

工程师们只能再做进一步的研究。过了一段时间，他们好像突然被一股"神秘的力量"击中，找到了制造 V8 型汽车的关键窍门，问题也就因此迎刃而解了。

是什么令 V8 型汽车"从无到有"？是什么使"不可能"的计划奇迹般地成功？是亨利·福特的自信和坚持，是工程师们锲而不舍的努力和付出。

改造命运、不为群体意识所绊、不被"不可能"这类词汇难倒，常常是"极少数人"的思想和行为。一件件曾被认为"不可能"的事在他们手中变为可能，靠的就是自信和坚持。所有的伟大人物，所有那些在世界历史上留下名声的伟人，都因为这个共同的特征而同属于一个家族。只有自信才能让我们感觉到自己也同样蕴藏着巨大的能力，其作用是其他任何东西都无法替代的。而那些软弱无力、犹豫不决、凡事总是指望别人的人，是永远体会不到成功的喜悦和成就感的。

只要相信自己，你也可以创造林书豪式的奇迹！

自信给你成功的人生

世界著名成功学之父戴尔·卡内基曾经说过："一个年轻人，如果从来不肯竭尽全力来应对所有事情，如果没有坚强不屈的意志，如果没有真诚热忱的态度，如果不施展自己的能力，如果不振作自己的精神，那么他绝不会有什么大成就。"伟人之所以能够成功，就在于他们相信自己的能力，要求自己一定要超越别人、战胜别人，从而自强不息、奋斗不止、坚韧不拔。所以说，自信是承担大任的第一个条件。只有非常的自信，才能成就非常的事业。对事业充满自信而决不屈服，便永远没有所谓的失败。

英国历史上曾有过这样一件事：杜邦将军未能攻下克切斯城，他在法拉格特将军面前极力为自己开脱。法拉格特听完后只说了一句话："一个重要的原因你没有讲到，那就是你一开始就不肯相信自己能打败敌人。"

许多事情往往都是如此，如果你自开始时就不相信自己能够成功，那么你决不会成功。明白了这个道理，再依靠自己的努力而不是依靠上天的机遇或他人的帮助，我们才能在某一方面成为杰出人物。爱迪生、马可尼、祖冲之、李时珍、詹天佑、巴菲特、科比、林书豪……这些在不同时代、不同国度对社会、对人类产生影响的人物，都是坚信自己、勇闯新路的先锋。他们的成就，昭示了"相信自己"是所有成功者的人生格言。

凡是使用过电脑的朋友，相信对"微软"这家公司不会陌生，当然大多数人只知道它的创始人之一——比尔·盖茨是个天才，却不知道他为了实现自己的目标而孤独地走在奋斗的路上。

当时青年盖茨发现在墨西哥州阿布凯基市有家公司正在研究开发一种称为"个人电脑"的东西，可是它要用 BASIC 程序语言来驱动。于是盖

茨便着手开始编写这套程序并决定完成它,即使他并无前例可循。

盖茨的性格中有个很大的长处,就是一旦他想做什么事,就必须想方设法给自己找出一条路来。在短短几个星期的时间里,盖茨和一个搭档竭尽全力,终于编写出一套程序语言,因而也使得后来的个人电脑问世,逐渐惠泽全世界。

盖茨的这番成就造成一系列的改变,扩大了电脑的世界,也让自己站在了事业成功的顶峰——30 岁的时候成为一名家财亿万的富翁。现在,盖茨拥有超过数百亿美元的资产,多次登上世界首富的宝座。

不可否认,盖茨的成功,一方面是得益于他立下了编写电脑程序语言的志向,一方面是他相信自己定能成功。

对事业充满自信而不屈服,便没有所谓的失败。有充分自信的人就能发挥自身无比的威力。一个人要挑战自己,靠的不是投机取巧,不是耍小聪明,靠的是自信心。一个人放弃了自信心,就等于放下了手中的武器,主动承认失败,主动选择了平庸的一生。

你的人生,是由你自己创造的。如果你的内心有积极的看法和信念,那是你所创造的;如果你内心的看法和信念是消极的,那也是你所创造的。我们做人要有强烈的自信,自信是成就自我的资本。人们的自信心有大小之分。有大的自信,就会有大的成就;有小的自信,就会有小的成就;没有自信,只能一无所成。

1987 年,麦格雷戈放弃了衣食无忧的"顾问"职位去试着实现他的一个"梦想"。他原来的公司是在机场和饭店向出差的企业人员出租折叠式移动电话的,但这些电话不能提供有详细记载的计费单。而没有这种通话"账单",一些公司就以没有依据为由不给雇员报销电话费。现在急需在电话内装一种电脑微电路,以便记录每次通话的地址、通话时间和费用。

麦格雷戈知道这是一个不错的商机,自己的设想一定行得通,在家人的大力支持下,他开始物色投资者并着手试验。但这项雄心勃勃的冒险进行起来并不顺利。缺少了自己稳定的收入，家庭生活负担很重，使得妻子和孩子不得不节衣缩食。

但这并没有动摇他的决心。到了 1991 年 5 月，家庭经济状况重新陷入困境，麦格雷戈只好打电话给贝索思一家著名的电讯公司。一位高级主管在电话里问他："你能在 6 月 24 日前拿出样品吗？"

这是一个机会，当然更多的是挑战。麦格雷戈脑中不由想起工程师的话和工作台上无数次的试验失败，他强迫自己镇定下来，用尽量自信的声音说："肯定行！"

主管决定等待他的结果。麦格雷戈马上给大儿子格里格打去电话——他正在大学读电脑专业，麦格雷戈告诉他自己所面临的严峻挑战。

格里格开始通宵达旦地为父亲设计曾使许多专家都束手无策的自动化电路。在父子二人的共同努力下，样品终于设计出来了。6 月 23 日，麦格雷戈和格里格带着他们的样品乘飞机到亚特兰大接受检验，一举获得成功。

现在，麦格雷戈的特里麦克移动电话公司，已是美国一家资产达数千万美元，在本行业居领先地位的企业了。

任何时候，都不要轻易动摇信心。只要是你所向往的，如果你想实现终极目标，即使是你始终未曾接触过的范畴，也一定要从心里建立起"有信心"的信念。你得从此刻便开始学习感受那份信心，相信自己有资格、有力量取得成功。

可以毫不夸张地说，一个人之所以失败，是因为他自己要失败；一个人之所以成功，是因为他自己要成功。一个平庸的丧失进取动力的人，总觉得自己不重要，成就不了什么大事，因而他扮演的始终是可有可无的小角色。这样的人，从他的言谈、举止、行为中都显示出信心的缺乏。实践证明，否定自己是一种可怕的思想，它足以产生一种消极的力量，常常使人走向失败之途；而充满信心的人，则常常踏上成功之路。

只有相信自己才能做自己的救世主

"不管做什么事情,我都会害怕,我觉得自己做不好。"是否,你经常听身边的朋友这么向你倾诉呢?甚至,你也说过这样的话?

倘若真的如此,那么很遗憾地告诉你,你将与成功无缘。一个人成功的因素有很多,就性格而言,自信是最基本的要素。但是面对目前的社会,很多人会觉得自己跟不上时代发展,担心有一天会被淘汰。在面对变化时,他们会有些不知所措,尤其看到周围的人不断地调整自己、改变自我以适应社会发展时,内心就更充满了焦虑、犹豫,给自己许多无形的压力。试想,这样一个缺乏自信、惧怕改变的人,又怎么能取得成功呢?

一个人想要取得成功,除了必要的能力和经验之外,还必须对自己充满自信。自信是成功的基础,这是人生颠扑不破的箴言。能力和经验可以慢慢补足,而一旦缺少了自信,理想将永远如天上的月亮一样让你可望而不可即。所以说,一个人无论处于怎样的环境下,只要不丢失自信就会有希望、有辉煌,就会成为自己的救世主。

李书福在浙江台州一个贫穷落后的山村长大。他始终相信:只要自己努力,一定会获得大的财富。

李书福在 20 世纪 80 年代初,就率先做起了"个体户"。1982 年,他开设了自己的照相馆;1983 年,他便开始创办自己的企业。

李书福喜欢鼓捣东西,经常买一些零件自己组装照相机。在洗照片的过程中他发现,废弃物经过一种药水浸泡后,可以分离出来金银。然后,李书福把分离出来的金银带到杭州出售。后来,他干脆关了照相馆,投资一万元专门做这个生意。

1984 年的一天，李书福去一个小鞋厂定做皮鞋，发现鞋厂的工人在给冰箱做一种元件。那时候，冰箱在北方一些城市供应稀缺。李书福觉得这是个不错的商机，于是也立即开始生产这种冰箱零部件。

一开始，李书福一个人生产，他不管别人的嘲笑，自己把生产好的零件装包里，骑着自行车送到冰箱厂。后来，李书福和其他几个兄弟一起成立了冰箱配件厂，他当厂长，厂子一年的营业额有四五千万元。

后来，李书福认为自己不能仅仅停留在生产配件的层面上，还应该有更大的追求，于是他做了一个决定——生产电冰箱。1985 年前后，民营经济还没有获得正式承认，但李书福决定冒险一试，因为他相信电冰箱生产一定会获得民营权利。

就这样，李书福很快投入了对电冰箱的研发。1986 年，李书福组建了黄岩县北极花电冰箱厂，生产北极花电冰箱。1989 年，26 岁的李书福，北极花冰箱厂厂长，已经成为了一个真正意义上的千万富翁。

1989~1995 年期间，李书福虽然经历了落败，可他的自信依然存在。就在 1995 年，他开始进入汽车行业，打造吉利品牌。当问起他为何要选择在 1995 年进军汽车行业时，他说："因为我相信，吉利进入汽车行业的时机把握是最佳的，早一年不行，晚一年也不行。"因此，在大多数人的眼中：李书福永远都是那么自信，那么高瞻远瞩！

李书福的成功，源于他"自信"的性格。李书福有一句名言："少谈点儿金钱，多谈点儿精神。"自信就是他的精神。李书福几次成功的创业，都走在了别人的前面，都比别人表现出了更加坚定的自信。拥有这样性格的人，又怎会不成功呢？林书豪也是如此，倘若没有自信，那么他早就被西方人占主导的 NBA 淘汰了。

然而，世界上有很多人会被流言蒙蔽，被假象迷惑，因为他们没有认识到自身的价值，总是怀疑自己，相信别人。其实，真正能帮到自己的不是

别人,恰恰是自己。相信那些虚无缥缈的东西,期待别人一时的安慰,不如相信自己的实力。我们只有相信自己,才能找到自己的永久支柱,才能在人生道路上越走越远,才能最接近自己想要的成功。

相信大多数人都看过《非诚勿扰》,对主持人孟非也都不陌生。但是,人们只看到了他的成功,却很少有人知道他以前的经历。他曾经做过印刷厂工人、保安、送水工等,虽然长时间生活在社会的最底层,但他从来没有失去过自信。

1994 年 2 月,孟非获得一次偶然的机会,进入了江苏电视台。他先是做江苏电视台文艺部体育组的接待员。一年后,他拿到了南京大学的函授专科文凭,凭借努力,又成为了记者。

2002 年,江苏电视台开设了《南京零距离》这个新栏目。这个电视直播节目的宗旨是"为平民百姓服务"。台里的领导决定打破资历、学历限制,在全社会进行公开竞选节目主持人。孟非想借着这个机遇从幕后转向台前,他仔细地分析了自己的情况,觉得平民节目,主持人的长相不是最重要的,关键是要有底层生活的阅历。

虽然看到了自己的优势,但孟非也担心自己的普通话过不了关。可自信的他只犹豫了一分钟:普通话可以慢慢去学习模仿,那些苦难的经历却是他难得的宝贵财富,是模仿不来的。然后他下定决心:人生能有几回搏?此时不搏何时搏?

面试那天,衣着笔挺、自信满满的孟非,用诙谐的语言平静地讲述了自己多次打工的艰难经历。然后,他准确地抓住节目的定位,自信地提出了自己做"平民化主持人"的崭新设想,台里的领导听后觉得他很有潜力,机会就这样被孟非把握住了。

最终,孟非成为了《南京零距离》的当家主持人。就这样,孟非从一个穷小伙子,成为了全国一流的主持人。

孟非能一步步走向成功,与他的自信心密不可分。如果他在竞选主持人时缺乏自信,首先否定自己而不敢去面试,那么,领导很可能就发现不了他的那些优势,这个职位也就跟他错过了。所以,自信心是他能够把握机遇的前提条件。

自信是一种态度,更是内心的修为。美国作家爱默生说:"自信是成功的第一秘诀。"自信是发挥主观能动性的闸门,是启动聪明才智的马达。像伽利略、居里夫人、张衡这些历史上的大人物,他们能取得成功,其中最重要的因素,就是他们拥有强大的自信心。只有首先相信自己,并拥有远大的志向,我们才会有努力的方向,才不会在做事时轻言放弃,才能做自己的救世主。

你认为自己有多重要,就能取得多高的成就

"我已经不需要学习了,我什么都会。"

"我觉得自己什么都做不了。"

这两种截然不同的心态,相信每个年轻人都不会感到陌生。然而无论哪一种,都是年轻人的大忌。也就是说,我们既不能做眼高手低的人,也不能看轻自己。现在有很多年轻人,也许是因为家庭条件、工作岗位的缘故,或者是因为从小所接受的教育的缘故,总会在某个时刻贬低自己,即使他们外表看起来光鲜亮丽、自信满满,但内心总觉得自己不如别人,这样怎么可能有成功的机会呢?

"你认为自己有多重要,就能取得多高的成就。"这句话我们都曾听过。那么,为什么我们不能如此要求自己?看轻自己,是对自己的一种"侮辱"。只要肯努力,这个世界上就没有那么多做不到的事情。能否成功,关

键在于是否能够发挥自身潜能。只有当我们坚信自己拥有"无限的能力"与"无限的可能性"的时候，我们才可以拥有和谐的内心世界，建立起自己理想的"自我心像"，才能体现自己人格、行为应具有的魅力。

美国有个叫肯尼的著名摄影师，出生的时候，只有一半身体是健康的。一岁半时，他就已经做了两次手术，但腰部以下的神经依旧无法恢复，连坐都成了问题。

医生对肯尼的母亲说，凡事尽量让他用意志和能力去坚持做，这样便能让肯尼学着独立生活。母亲听从了医生的建议，总是鼓励肯尼自己去尝试——无论穿衣服，还是抓东西。几个月后，肯尼竟奇迹般地坐了起来。

后来，肯尼学会用双手支撑着身体走路。他在家里的楼梯、房间的木板墙上，钉了许许多多的把手，用以作为支撑自己的着力点。

肯尼上学时，每天都背负着6公斤重的假肢和一截假胴体，这使他浑身疲惫，苦不堪言。但在老师和同学们的帮助下，他变得更加自信，相信自己能克服一切困难。

后来，肯尼喜欢上了摄影，经常在闲暇时间带上相机去记录身边的风景。长大后，肯尼成为了一名优秀的摄影师，还主演了影片《小兄弟》，成为了一名成功人士。他对记者说："我在生活中没有困难，遇到困难就和大家一样，找出方法解决。"他总是那么自信、乐观，困难于他是再平常不过的了。

这样乐观自信的人，就好像暖暖的阳光，照在哪里都会有人喜欢。肯尼的邻居乔安说："我们喜欢肯尼，因为有了他，我们增加了战胜困难的勇气，我们要像肯尼那样，对生活充满自信！"肯尼的自信、乐观和勇气不仅成就了自己，也激励了身边的人。

在平凡的生活中做出不平凡事情的人，往往都是那些坚信自己的人，他们会知道自己有多重要。相反，那些胆怯、意志不坚定的人，即使才华横溢、天赋优良，也往往难以获取很大的成就。自信与金钱、势力、出身、亲友相比，是更具有力量的东西。自信是人们从事任何事业时最强大的精神支柱，拥有自信的心，会最大限度地减小难度，克服重重障碍，获得事业完美的成功。拥有自信心的人，外表看起来是那么的开朗、活泼，给人一种阳光的气息，而他们内心往往也能够最先感知自己的魅力，并且相信自己的能力。

周星驰，这个名字可谓家喻户晓。不管是《千王之王》还是《喜剧之王》，周星驰那非逻辑性和带有神经质的演技，以及夸张诙谐的"无厘头"搞笑，总能令他在短暂的时间里赢得观众的笑声。他是影坛的"喜剧之王"，但很少有人知道，他最初也是从跑龙套开始的，经历过无数次的打击和失败，不过他始终坚信自己的一句话："我是一个专业的演员。"他每天都不间断地去学习、去改正、去尝试、去表现，因为，他自信自己就是一个专业的演员，当所有的失败都无法磨灭他内在的信心时，失败便退却了。

断臂钢琴师刘伟一语惊人，"要么赶紧死，要么精彩地活着"。就是凭借这份心态，经过3个月的比赛后，他最终以自己的努力在舞台上实现了他的诺言——在选秀节目《中国达人秀》总决赛中夺冠，成为了第一个"中国达人"。

10岁那年，刘伟因触电意外失去双臂。但是，失去双臂的刘伟并没有绝望，没有放弃自己，而是开始重新做回自己。用了半年的时间，他学会了用脚刷牙、吃饭、写字。

2002年，刘伟进入北京残疾人游泳队。两年之后，他在全国残疾人游泳锦标赛上获得了两金一银。当时，刘伟对母亲许下承诺：在2008年的残奥会上拿一枚金牌回来。

然而，不幸又发生了，在努力为奥运会做准备时，高强度的体能消耗导致刘伟免疫力下降，使他患上了过敏性紫癜。医生说，由于以前他的身体细胞遭受过高压电的损害，如果他继续训练，很可能会患上红斑狼疮或白血病。不得已，刘伟退出了奥运比赛。

在放弃了游泳之后，他把希望寄托在音乐上，这是他的另一项爱好。在无数次练习之后，刘伟学会了用脚来弹钢琴。为了能够更好地进步，刘伟每天都坚持练琴 7 小时以上。

2008 年，在北京电视台的《唱响奥运》节目中，刘伟在刘德华面前，弹了一曲《梦中的婚礼》。接着，他跟刘德华合唱了一首《天意》。之后他们还合作了一首叫做《美丽的回忆》的歌。

刘伟在音乐的道路上并非一帆风顺，不过，在他看来，生命就是由一个又一个的挫折组成的，有挫折才会有前进的动力。正是这种积极的心态，让他取得了应有的成功。在 8 月份的那场《中国达人秀》上，他弹奏的那首《梦中的婚礼》，感动了在场所有的人。当评委高晓松问他是怎么做到这一切的时候，刘伟说了一句："我觉得我的人生中只有两条路，要么赶紧死，要么精彩地活着。"这番话后来就成为了激励很多人的经典语言。

刘伟曾经说过："我能像正常人一样生活，养活自己，虽然我体会不到拥抱别人的幸福感，但我能够在琴声中感受到更多的幸福。"没错，这就是他告诉我们的：没有手，用脚也能创造出属于自己的幸福。他还告诉我们：即使生命的脆弱让他失去了双臂，但生命的顽强却能让他拥有生存的辉煌。

人生是短暂的，多一份自信，你的人生路上就会洒满灿烂的阳光，你便与希望结伴同行，慢慢走向成功。而丢掉自信，你也就丢掉了一个很高的起点，到达的地方也就越低。所以，别小看自己，你认为自己有多重要，就能取得多高的成就！

把他人的不信任作为奋起的动力

当你对别人说你想做个亿万富翁的时候,恐怕绝大多数人都会觉得你只是说说而已。那些关心你的人会劝你现实点儿,不要给自己增加烦恼,那些轻视你的人则会嘲笑你,说你是在异想天开,别说当什么亿万富翁,你能养活你就很好了。

面对别人的种种看法,你会怎么办呢?是对他们的看法置之不理,还是"虚心"听取呢?希望你能从下面这个小故事中得到启示:

他是一个孤儿院的院长,每天的生活就是和孤儿们交流、谈心。有一天,他发现一个小男孩很不爱跟人说话,而且很自卑,便问小男孩是不是有不开心的事。

小男孩低着头说:"我是一个没人要的孩子,也没有人关爱我,没有人信任我,大家都认为我做不了任何事情,所以我很伤心、自卑。"

院长想了想,给了小男孩一块大石头:"明天你把这块石头拿到市场上卖,但不管别人出多少钱,你都不能卖出去。"

第二天,小男孩拿着那块石头来到了市场上,慢慢有人注意到他,开始出价。他按照院长的吩咐无论对方出多少钱都不卖,人们便感兴趣了,觉得这个石头肯定有稀奇的地方。人们给的价格越来越高,小男孩始终不卖。晚上他把石头又带回了孤儿院。院长说:"明天你把石头拿到黄金市场上去卖,就一个要求,还是不要卖出去。"第二天,小男孩把石头带到了黄金市场上卖。人们认为一块石头敢在黄金市场上叫卖,价值肯定不一般,于是很多人都想买,出的价钱远远超过了黄金的价格,可小男孩还是不

15

卖，又把石头带回了孤儿院。院长又说："明天你把石头拿到珠宝市场上去卖，和前两次一样，还是不要卖出去。"

一个小男孩竟然拿着一块石头在珠宝市场上卖，肯定是一件稀世珍宝。人们便又开始争抢着买，当然，结果小男孩还是带着石头回了孤儿院。

小男孩好奇地问院长："为什么会有这么多人争着买这一块石头？"

院长回答说："生命的价值就像这块石头一样，在不同的地方显示不同的价值，你越珍惜它，它的价值就会越高。也就是说，你要相信自己，不管别人如何不信任你，你都努力地让自己向更好的环境奋进，那么你的人生价值也就会变得越高。"

肯定自己是自信、勇敢的表现，能够让我们发现自身价值并激发自身潜能，是改变人生道路的前提。只有敢于肯定自己、正视自己、提升自己的人，才有可能成为强者，做出一番成绩，进而让别人重视自己。所以，别被别人的不信任击败。

每个人都知道自信的重要性，但做到自信却很难。就像那些觉得你不可能成为亿万富翁的人一样，是他们本来不相信自己可以成为亿万富翁，进而将这种不自信转移到了你的身上，认为你和他们一样，他们做不到的事情你也未必能做到。

但事实上，你和他们是不一样的，因为你有自信，而他们没有。因此，不要太在乎别人说什么，只要你真的相信自己可以成为一个亿万富翁，那么就坚持自己的想法。你努力之后取得的成果，就是对他们最有力的反驳。正如林书豪，在刚刚踏入 NBA 时，他被"泼过的凉水"一定不止一盆，但最终的事实是：不信任他的人全错了。

法国皇帝拿破仑小时候家里很贫穷，他的父亲借钱把他送到柏林市的一所贵族学校去读书。

由于家庭贫困的原因，在学校里拿破仑经常被人欺负。久而久之，拿破仑也开始相信同学们嘲讽他时所说的话了。他心想："同学们说得没错，我怎么可能成功呢?"因此,他每天都是忧心忡忡的。

于是,拿破仑开始忍气吞声,在学校里"混日子"。后来,他实在忍不下去了,便写了一封信给父亲,说自己不适合上学,想让父亲接他回家。父亲没有着急,而是在回信中说:"我们穷是事实,但是你必须坚持在那里继续读下去。你不要太自卑,等你成功了,一切都会随之而改变!"

慢慢地,在父亲的鼓励下,拿破仑终于不再自卑。他不再将同学们的侮辱和嘲笑放在心上,而是静下心来读书。5年里,他受尽了同学们的欺负,但每一次都会使他的志气增长一分。后来,拿破仑进了军队,开始只是一名少尉。在军队中,由于体格羸弱,他处处受人轻视,上司和同伴都瞧不起他。但他并没有一蹶不振,而是利用同伴们玩乐的时间努力读书,希望在知识上胜过他们!

拿破仑只专心读那些能使他有所成就的书,而不读那些平凡无用的消遣书。在自己那间闷热狭小的屋子,拿破仑苦学了好几年,仅仅是摘抄的名言警句就达到了4000多页。看着这些书,他不再惧怕孤独。此外,拿破仑还常常喜欢把自己当成前线指挥作战的总司令,运用所学的地理知识和数学知识来"指挥"作战。

渐渐地,拿破仑开始得到长官的青睐,逐渐得到很多实战锻炼的机会,并最终成为了雄才伟略的法国皇帝。而当年那些瞧不起他的人,却都成了他的臣子。

拿破仑听从了父亲的话,最终用信心、努力改变了自己的人生。一个心态上的改变,让拿破仑展现出了不一样的气质。拿破仑之所以能够成为伟人,一个重要的原因是他克服了自己的缺憾,战胜了自卑心理。

拿破仑没有因为别人的不信任、轻视而否定自己,而是以此为跳板奋起,为什么你不可以如此呢?所以,面对别人的流言蜚语,如果处理得好了,它就不会是你前进的阻力,而是一种催你奋进的动力!

相信自己，勇敢地追逐梦想

莎士比亚曾经说过："自信是走向成功的第一步，缺乏自信是失败的根本原因。"

纵观古今，许多人之所以失败，不是因为他们没有能力，而是因为他们不相信自己的能力。一个人如果没有自信，就如一个被扎漏的气球一样迅速萎缩。这样的你，还怎么取得成功呢？

我们应该清楚，作为一种心理状态，自信是每一个正在奋斗的人必须拥有的。但是从目前这个社会来看，很多人总是生活在深深的恐惧当中，每天压力都很大，因为他们惧怕被这个高速发展的社会所淘汰。他们不知该怎样去面对变化，也不知该采取怎样的行动。慢慢地，他们就会在烦恼中迷失方向，每天都不会快乐。一个人生活在压抑的状态下，又怎么能取得好的成就呢？

美国犹太裔钢琴家格拉夫曼是一个很优秀的钢琴大师，21岁就获得了利文特里特音乐大奖。此后的30年中，他一直在全世界巡回演出。

1979年，对于音乐事业如日中天的格拉夫曼而言，世间最大的噩耗传来了：他的右手受伤，被告知不能再继续弹奏钢琴了。那段日子，格拉夫曼非常困惑，不知道自己该做什么。那一年，他去了哥伦比亚大学进修，并进行了他人生中的第一次中国之旅。他想要找到自己的方向，重拾自信。

经过几年的修整，格拉夫曼以惊人的毅力开始专攻左手演奏的作品。了解钢琴演奏的人都知道，演奏钢琴通常都是右手弹旋律，左手弹和弦，如果用一只手表现两只手所能达到的丰富音色和美妙旋律，那简直比登天还难。这要求左手的 5 个手指必须有非常高的独立性，拇指与食指弹奏旋律，中指和无名指伴奏，小指弹奏低音；左手在弹奏中必须掌握大跳的技巧；为了弥补只用一只手弹奏音色的不足，双脚还要轮换踏着中踏板和右踏板来延长低音时间。对于一个钢琴家来说，做到左手独奏，是一次极其痛苦的重生。

但即便现实这么艰辛，格拉夫曼依旧自信能战胜困难。1985 年，他与祖宾·梅塔及纽约爱乐乐团成功地演奏了北美近代协奏曲，用精湛的弹奏技巧赢得了"左手传奇"的美誉。

2009 年，已经 81 岁高龄的格拉夫曼来到了中山公园音乐堂，继续演绎他的经典传奇。演奏的那一天，格拉夫曼缓缓地走上舞台，优雅地给观众鞠了一躬，然后用右手略显吃力地挪动了一下座椅，左手便开始流畅地弹奏起来。整场音乐会下来，格拉夫曼几乎没有换过姿势，他完美地演绎了一首首动人的曲子。每一曲结束后，音乐厅里都会响起持久而热烈的掌声。相信在场的观众没有一个人不为他的演奏所倾倒，也没有一个人不为他那种坚强的意志所折服。

实际上，现实中的困难并不能够将一个人打败，只有自我潜意识里的软弱，才能够真正摧毁一个人的意志。如果一个人失败了，不管是因为外界客观因素的影响还是自身能力的欠缺，都不要气馁，不要悲观，不要觉得自己的末日到了，因为这一切都是可以改变的。只要你在潜意识里主观认定"我能行"，那么做事情的时候就会充满力量，这远比那些畏缩不前，不愿尝试的人伟大多了，至少你的精神世界是强大的，不会轻易向困难低头。相信自己，勇敢地追逐梦想，一切便皆有可能。

一个人要想成功，关键是潜意识里要相信自己能够成功。只有这样，我们才能够展示出一种奋进和不凡的精神状态，才能为了梦想而勇敢地追逐。如果一开始就把自己定位成一个平庸者，那么到最后你也只能是个平庸者。

别再问怎么样才能够确保成功,也别再问怎么样才能够知道自己会不会失败,生活中有太多不确定因素,这些不确定因素导致的结果也大多不同。成功与失败,在你潜意识里是怎么想的,是积极的还是消极的,谁占据上风,谁就起了决定性的作用。

如果你相信自己,渴望成功,那就在心里多念几次:"我一定能行!"然后就放手去拼搏,勇敢地去争取自己想要的东西,慢慢地你就会发现,潜意识里的自信真的是一种神奇的力量!

充满自信地走过实现梦想的道路

一个人的一生不可能是一帆风顺的,总会有这样或那样的打击,例如事业上的不顺心,爱情中的不如意,等等,这些使原本雄心壮志的我们,突然感觉到穷途末路。于是,一些人就开始觉得自己能力不足,处处不得志。

尤其是那些有自卑心理的人,此时会变得更加颓废和消沉。他们总是用别人的眼光来过低地评论和挑剔自己,把自己限制在一个很低的境地,认为自己与世间那些美好的事物无缘,给自己设置一连串的"不可能",再没有任何挑战的勇气。

其实我们应当明白:人生在世,不如意之事常八九,能如人意无二三。因为人是不容易满足的动物,总是在不断地追求一些东西。因此,不要总是怀疑自己的能力,用一颗平常心去看待,用自信心追求未来,那么梦想同样能够实现。

一个美国的年轻人,穷困的时候连一件像样的衣服都没有。然而在他心中,始终有着一个做演员当明星的坚定梦想。

当时，几乎所有人都觉得这个年轻人是在痴人说梦。好莱坞有将近500家电影公司，有那么多的优秀演员，谁又会看得上他呢？但他仿佛看不到这些阻力，而是带着自己为每一家公司量身定做的剧本，根据规划的路线与排列好的名单顺序，一家一家地去试。第一遍拜访下来，500家电影公司没有一家看中他。

接下来的每一轮拜访，年轻人还是没有成功。面对当时电影界的重重阻力，即使他选择放弃，也不会有人嘲笑他。但是他没有，因为他认为，心中有梦想，就必须去实现。

皇天不负有心人，在第四轮拜访第350家电影公司时，终于那家公司的老板把他的剧本留了下来。几天之后，那家电影公司的老板请他前去详细商谈。在商谈中，那家公司决定投资开拍这部电影，并让他担任男主角。

这部电影的名字叫《洛奇》。这位年轻人，就是大名鼎鼎的席维斯·史泰龙，这多么令人不可思议！

从这个例子中，我们应该看到：一个人只要有梦想，并不断地为这个梦想去努力，那么总有一天会成功。即便不成功也没有什么可遗憾的！关键是你要首先相信自己，进而去付诸行动。相信正是带着这样的心态，林书豪才能站在世界篮球巅峰赛场之上。

如果在做一件事情时，你觉得自己能行，那么就会产生一种积极的效果；如果你觉得自己不行，则会产生消极的影响。这就好比生活中的心理暗示，如果别人整天对你说你脸色不好，是不是得了什么病，说的人多了，你没病也会觉得自己有病了。相反，如果别人见了你就夸你气色好，你也会自然而然地觉得浑身充满力量。

从某种程度上来说，你的自信心和你的个人能力是相辅相成的，你自己的能力越强，你就会对自己更有自信，在做事情时你的个人能力也会得到充分的体现。当然，要记得自信不是自负，目空一切、妄自尊大的人也不会取得成功的。

师范学校毕业后,徐德被分配到一个小岛工作,每个月工资仅 80 元。徐德家里当时有 3000 多元的欠债,以自己的工资要想还清这笔债务很难。最后,经过考虑,他决定带着借来的 500 元钱南下寻找出路。

徐德自身学历不高,也没有什么技术和特长,找起工作来相当困难,去了南方 20 多天都没有找到工作。无奈之下,他接受了低薪,在一个电话机港资生产企业落下了脚。期间,徐德一边认真踏实地工作,一边埋头钻研书本理论。随着维修技术的不断提高,徐德从技术员慢慢变为高级技术员、助理工程师、工程师。

到了 1997 年,电讯市场发展迅速,徐德开始研究 IC 卡电话,另外还跟 5 个同事承包了一个从事电话机芯片贸易的开发部。1999 年,徐德勤奋的经营得到了回报,芯片贸易纯赚了 30 万元。这年,徐德和深圳当地两个小老板合伙办起了深圳泰格尔电子有限公司,3 年后,只剩下徐德一个人还在坚守。2003 年初,徐德凭借勤奋的创业心志和过硬的产品质量与美国澳特爱电子公司签下了一份 500 台 BP 机的销售订单。2004 年,徐德和美国澳特爱电子公司合作,一同成立了深圳澳特爱电子有限公司。

现在,徐德的公司已经发展为深圳市一颗璀璨的明珠,公司不仅拥有高档的生产设备,产品还通过了 ISO9002 国际质量标准体系认证。公司生产的蓝牙系列产品和 MP3、MP4 系列产品等远销美国、欧盟和东南亚地区,年出口创汇 100 多万美元。

徐德的故事告诉我们,只要有梦想我们就应当充满自信地去为之而奋斗,进而去实现它。

拿破仑·希尔说过这样的话:"心存疑虑,就会失败;相信胜利,必定成功。相信自己能移山的人,会成就事业,认为自己无能的人,一辈子一事无成。"这句话也告诉我们,信念对一个人的成功是有很大帮助的。

自信可以克服万难,只要我们相信自己就不怕事情做不成;自信可以让自己从内心真正地喜欢自己、欣赏自己,让自己活得自在;自信创造奇迹，自信是生命和力量的基石，自信是创立事业之本！在实现梦想的道路上，只有保持自信我们才能走得更远。

记住一位作家的一句话吧："自信心就好像是一个人能力的催化剂，它能将人们体内的所有潜能都激发出来，将其推进到最佳状态。"自信心是"我不行"这一毒素的解药，它是一种信念，一种意志。相信自己，你认为自己有多重要就有多重要。充满自信地走过实现梦想的道路，我们才会觉得自己活得有滋有味！

第二课
机会来临时，紧紧抓住它

　　尼克斯队让林书豪打首发实属无奈之举，他们的伤病
球员太多了。拜伦·戴维斯一直无法上场，其他控球后卫
也不能出战。卡梅罗·安东尼受伤了，阿玛雷·斯塔德迈尔
因为家人去世而离队奔丧。如果林书豪浪费掉这个机会，
他将不会得到我们的关注，但是他很好地抓住了这个机会。
在生活中，你从不知道机会何时会降临，通常，在你最不
期待的时候，机会就会出现。请最大限度地利用这些机会，
它们很珍贵，经不起挥霍。

有耐心,机会终究会降临

当你迷茫的时候,当你抱怨的时候,当你郁郁不得志的时候,当你认为没有人能够赏识你这匹千里马的时候,你不妨问问自己,我现在的处境,真的比林书豪在 NBA 还要差吗?成功需要机会,其实每个人的一生中都会获得不少机会,但却并不是每一个人都有足够的耐心等到机会的来临。为了自己的篮球梦,林书豪同样等待了 6 年的时间。

林书豪是哈佛大学的毕业生。哈佛大学是全世界无数莘莘学子梦寐以求的知识殿堂。但对于一心想要成为职业篮球运动员的林书豪来说,上哈佛却是一个无奈之下的选择。因为哈佛大学虽然培养出了 7 位美国总统和比尔·盖茨等无数伟人,但却从来没有一位哈佛毕业生可以在 NBA 的赛场上取得成功。与北卡罗来纳大学、肯塔基大学这些篮球名校相比,哈佛大学甚至连篮球奖学金都没有。

但是林书豪却从来没有任何怨言,因为他相信,读哈佛并不意味着自己的篮球之路已经走到了尽头,只要能够耐心等待,机会终究会降临,自己还会有实现篮球梦的那一天。在哈佛,林书豪的课业成绩十分优秀,篮球技术也在不断进步,虽然这里根本给不了他最专业的篮球训练,他的身边也没有任何一个拥有 NBA 前景的队友。

大学 4 年,林书豪成为了哈佛大学和整个常春藤盟校最耀眼的篮球明星。但是,常春藤盟校的篮球水平并不高,在这个环境里出类拔萃的林书豪真的可以成为一名 NBA 球员吗?对这件事始终满怀信心的,恐怕就只有林书豪自己了。

2010 年夏天的选秀大会。NBA 联盟总裁在台上念出了一个又一个名字，一个又一个年轻人上台与总裁握手，戴上了印有 NBA 球队标志的帽子。对林书豪来说，那个夜晚糟透了。他闷头吃下了很多辣鸡翅，他觉得那是唯一能让自己心情好受一些的办法。

好在后来，金州勇士队看中了这个来自哈佛大学的菜鸟控卫，给了林书豪一个征战 NBA 的机会。但林书豪的 NBA 前景仍然十分不佳，因为球队的主力控球后卫是跟他一样年轻、并且极具明星潜质的斯蒂芬·库里，林书豪被牢牢地压在替补席的最末端，几乎得不到任何上场的机会。为了篮球梦，林书豪只能继续忍耐，继续等待机会的降临。

后来的故事我们都知道了，在 2011~2012 赛季，林书豪成为了纽约尼克斯队的一员，并且在对阵同城死敌篮网队的比赛中大放异彩，开启了自己的明星之路，等到了属于自己的机会。未来的林书豪还有无限的可能，也许他可以成为一个像乔丹那样名垂青史的超级巨星，也许不能。但至少，他已经证明了，一个哈佛毕业的球员，一个华裔的小个子后卫也可以成为一个合格的 NBA 球员。不是吗？

生活在社会当中，谁都会有不顺利的时候，也会有突然跌倒落入逆境的窘境。可是要知道，钢铁只有经过无数次的敲打才能成型，人性只能经过无数次的打击磨炼后，才会变得更加坚韧成熟。只要你肯耐心等待，机会就会降临在你的身上。

能够像林书豪那样在逆境中崛起的人必定有坚忍之志，而坚忍之志来源于对事业孜孜不倦地追求。虽然成功的机会对于每个人都是均等的，但是，并不是每个人都能获得的，成功属于善于等待的坚忍者。有了坚持和耐心才能战胜险恶的环境，才能在逆境中崛起。

舒伯特从小就对音乐产生了浓厚的兴趣。长大后，尽管生活困苦不堪，他也丝毫没有放弃对音乐的热爱。一次，舒伯特被饥饿折磨得焦躁不安，漫无目的地在大街上走着。他被酒店的饭菜香所吸引，不由自主地走

了进去。望着满桌的鸡鸭鱼肉味美色鲜,饥肠辘辘的舒伯特多想吃点什么东西充饥呀。然而他口袋空空,身无分文。他随便地翻着一张旧报纸,突然,几首儿歌一下子触动了他此时无限悲凉的心,灵感霎时间涌上心头,他立即掏出纸笔,飞快地记录下脑中盘旋的儿时的记忆和现实的凄凉,整个乐曲一挥而就。闻名后世的《摇篮曲》,就在舒伯特饿得发昏的时候诞生了。

音乐是舒伯特赖以支撑而没有倒下去的一个顽强支点。凭着它,舒伯特才有异乎寻常的坚忍之心,才能在艰难之中耐心等待机会的降临,在困苦之中迈出坚实的步伐,才有了他辉煌的音乐生涯。

忍耐是做人必备的资本。任何人的一生都不可能一帆风顺,总会遇到挫折,无论从事什么工作,都会有不顺心的事情发生。长时间下来,谁都会像选秀之夜拼命啃鸡翅的林书豪那样产生悲观的情绪。当然,人生并不只是曲折,也会有云开日出的时候。只有坚持到底的人,才能等到前途无限的光明。所以,凡事须耐心等待时机的来临,不必心浮气躁,困难降临时也不要惊慌失措,终有一天,机会会降临在你的头上。

依靠坚韧为资本而终获成功的人, 比以金钱为资本获得成功的人要多得多。人类历史上很多成功者的故事都足以说明:坚韧地拼搏是克服贫穷的最好药方,耐心地等待是获取成功必经的道路。唯有耐心才能等到机会的降临,唯有恒心才能守得云开见月明,终成大业。

你需要一双发现机会的眼睛

"我没有成功就是因为运气不好!"

"什么时候机遇才能降到我身上啊!"

"要是我有这机会,我一定……"

每个年轻人,都曾如此怨天尤人,埋怨上天不给予自己展示才华的机会,这才让自己一直碌碌无为。但事实真的如此吗?其实不然。上天对每个人都是平等的,机遇是需要把握的。

机会就像是个美丽而性情古怪的天使, 她来到你身边的时候总是悄无声息的,以致你有时可能并未觉察到她的降临。所以,你若稍不留心她就将翩然离去,无论你怎样地扼腕叹息,她却从此杳无音信,一去不再复返。有这样一个小故事,也许对我们很有启发。

1998 年,拉斯维加斯的拳击界发生了一出闹剧。拳王泰森咬掉了霍利菲尔德的半块耳朵。那时许多人看了这一闹剧之后,最多把它作为茶余饭后的谈资而已,谁能意识到竟有人将其作为发财的良机?卡塞尔就是这个眼光独到的人。

他觉得,泰森是拳击界举足轻重的人物,为什么不利用这件事的影响来研发一种新产品呢?几经思量,卡赛尔决定推出一种形状像耳朵的巧克力,上面故意弄成缺了一个小角的形状,象征着被泰森狠咬的霍利菲尔德的那只著名的耳朵, 巧克力的外包装上还印有霍利菲尔德的大照。就这样,此种牌子的巧克力在众多品牌的巧克力中脱颖而出。卡塞尔从此便走上了成功之路。

这个故事告诉我们,抓住机遇一定要处处留心,独具慧眼。其实,你应

当仔细留心身边的每一件小事，它们当中都可能蕴藏着相当多的机会。许多成功的人经常会关注每一件小事，他们对什么事情都极其敏感。正是因为如此，他们才能够从许多平凡的生活事件中发现很多成功的机遇。让我们再来看一个成功捕捉机会的实例吧。

李剑是一名普通的大学生。他的父亲曾经当过兵，是个"军事发烧友"。他平时不抽烟、不喝酒，最大的爱好就是看战争片，例如《莫斯科保卫战》、《上甘岭》、《桥》、《瓦尔特保卫萨拉热窝》等。受其影响，李剑从小就迷上了电影，并在它的陪伴中度过了美好的童年时光。

在 2004 年大学毕业后，李剑进入了一家大型商业调查机构，担任数据分析师。在别人眼里，李剑的生活非常让人羡慕。可是，李剑明白其实自己一点儿也不开心。每天泡在密密麻麻的数据堆里，这是件很枯燥、头疼的事，繁琐的工作让这位性格活泼的帅哥总觉得很压抑。

有一次，李剑和几个朋友去一位老乡家里做客。在吃饭时，他看到老乡家的墙上挂着一幅美国大片的巨型海报。海报精美的印刷，逼真的效果，马上深深地吸引住了李剑的目光。李剑发现，这种原版的巨型海报在国内非常少见。

出于对这幅海报的喜欢，李剑开始询问同乡这幅海报是从哪儿买到的。一问才知，原来这是同乡从国外带回来的，北京根本买不到。李剑心中不禁有些失落，当他那副痴迷的样子被同乡察觉后，便笑着对他说："既然你这么喜欢海报，不如干脆开一家电影海报馆得了，保证能赚钱！"

老乡的话让李剑得到了启发。与此同时，老乡还告诉他，这种海报在西方青年中已经成为流行时尚。在纽约、洛杉矶和米兰这些城市，这些海报有很高的文化价值，有许多专门经营电影海报的商店，生意都非常好。同时，在一些私人藏品拍卖会，也能经常看到拍卖这种巨型海报的场面，就和国内拍卖古董和艺术品一样受人欢迎。

心动不如行动，李剑开始迫不及待地寻找这方面的资料。通过各种渠道的了解,他这才知道,美国电影海报的年销售量高达四五十亿美元,海报发烧友甚至超过集邮爱好者;而在我国,除港澳台地区外,这个行业基本还属起步阶段,具有巨大的市场发展空间!看到这些,李剑不由得热血沸腾起来,他决定在电影海报这个冷门领域里闯出一番事业!

说干就干,李剑马上辞了自己那份"风光"的工作,在文化氛围浓厚的海淀区租下一个60多平方米的店面。由于周围有十几所大学,再加上高档写字楼林立,李剑的这个看上去"冷门"的小店立刻吸引了很多人的注意,开张仅半年,李剑就轻松收入14万元,这相当于过去他两年多的薪水!

2006年5月,李剑已经拥有了80多万元的资产,他马上在北京海淀区注册成立了自己的公司,随后他又在家乡兰州开了第一家分店。正是靠自己那双发现机会的眼睛,李剑成为"中国电影海报"第一人。

当机遇悄悄地来到我们身边,像李剑这样的人成功地抓住了幸运之神赐予的礼物,走上了成功之路。而没有成功的人却是"大意失荆州"。由于他们眼睛混浊、思维呆板,以至于让机遇一次次地从眼前溜走却浑然不觉,这样的人注定要与成功擦肩而过。

要想捕捉到成功的机遇,我们必须要擦亮自己的双眼,尝试着去发现它们、捕捉它们。机遇有时是画着妆来到我们身边的,这就需要我们擦掉自己眼前的灰尘,透过现象看本质,成功往往就在那里等着你。就像身处经济专业的林书豪,如果只是等待机会的来临,那么他怎么可能踏入NBA?

柏克是一名以写作为生的人。经过一段时间的积累,他创建了一家小公司,主要从事短篇传记创作。

有一次,他去了歌剧院欣赏歌剧,在拿到巨大的节目单时,他发现节目单的印刷非常粗糙,由于体积过大,翻看起来非常不方便,丝毫不能吸引观众的眼球。这时,柏克心中涌现出一个想法,为什么不设计一个印制面积小、便捷、美观,且文字吸引人的节目表呢?

不久，他便设计出了这种小巧实用的节目单。为了获得独家的印制权，柏克告诉剧院的经理他愿意提供高品质的节目表，并且是免费的，而节目表中的广告收入，则作为他自己盈利的利润。不久，柏克所在城市的所有剧院都与他签订了合约，剧院里面全都用上了他所设计的新型节目表。柏克也开始扩大公司的营业范围，并创办了几份杂志，而他自己也成了其中一份杂志的主编。

我们换个角度想：如果柏克没有去改造这张节目表，他可能还是个默默无闻的小老板。不过，他并没有那样做，他善于思考的个性决定了他注定要打破常规。在一些容易被别人忽略的地方发现机遇，他的成功也就显得理所当然了。具备这种个性的人，往往会做出一些旁人看来匪夷所思的事情。

洛克菲勒曾说："如果你想成功，你应该辟出新路，而不要沿着过去成功的老路走。"机遇不可以复制，所以我们只有在新的地方去发现新的机遇。如果我们留心观察，其实身边的机遇有很多，它以各种不同的方式展示在我们面前，或明示，或暗喻。要想捕捉到它，我们就得在平时练就一双慧眼，时时刻刻全身心地准备着迎接它的到来。

别让机会从你的手边溜走

我们常说时光不等人，机遇也是如此。如果我们仅仅是发现它而没有抓住它，它也同样会与我们失之交臂。那么，我们该如何做，才能迎接机遇的到来呢？

我们经常会听到一些人在抱怨没有机会，或者又错过了机会。其实不是因为他们没有遇到机会，而是在机会面前他们没有勇敢地去把握住它，当它从身边溜走了，他们才开始后悔莫及。只有那些细心的人，才会发现机会；只有那些细心的人，才能捕捉到机会。

她毕业于名牌大学，初入社会，没有工作经验的她找工作并不顺利。好不容易找了一份戏剧编辑助理的工作，累死累活干了3个月，黑心的老板却只给了她一个月的工资，无奈之下，她只好辞掉这份工作。在没有工作的日子里，她靠着帮人写短剧、写电影来赚取一些零星的生活费。

有一次，她应聘到某电视台当了一个节目编剧。在一次制作节目时，制作人不知为什么突然大发雷霆，说了句："不录了！"转身就走了。突然出现的情况让全场几十个工作人员全愣在那儿。就在大家不知所措时，主持人看了看四周，对她说："下面的我们自己录吧！"

经过几秒钟的思考，她决定尝试一下。她果断地拿起制作人丢下的耳机和麦克风，在那一刻，她清楚地告诉自己：只有成功才能证明自己不仅是一个只会写写小剧本的小编剧，还可以是一个优秀的制作人，这是一次机遇，所以一定不能出丑！结果，她非常出色地完成了节目的制作。从那次之后，她便开始学做制作人了。

几年后，这个小女生制作了一部《流星花园》的电视剧。这部电视剧在海内外都非常受欢迎。这个小女生成了三度获得金钟奖的王牌制作人，她就是被称为中国台湾偶像剧之母的柴智屏。

就是因为自己在机会面前的坚持，柴智屏走上了成功的道路，可是她的成功绝不是偶然出现的。人生对大多数人都是公平的，它给了大家一样的机会。但人生又是不公平的，因为它只把机会留给有准备的人。如果不是柴智屏在工作时仔细观察，又怎能一下子就学会了做制作人？在她成功的背后，靠的是她的细心，让她慢慢积累了作为制作人的素质，这才有了后面的厚积薄发。

要想抓住机遇，只有细心是不够的。勇气同样也是我们抓住机遇的必

要条件。每一次机遇的到来,对于每一个人来说都是一次严峻的挑战,有的人选择临阵退缩,有的人选择迎难而上。许多人之所以让机遇白白溜走,就是因为在紧要关头他们没有接受挑战的勇气,而那些成功的人无疑都选择了勇敢地迎接挑战。不经历风雨,怎能见彩虹,在机会来临时,让我们整装待发,拿出心中的胆识和拼搏的勇气,勇敢地迎接挑战吧。也只有这样,我们才能登上成功的巅峰。

对于每一个渴望成功的人来说,机会的出现显得尤为重要,可是当机会真正出现在你面前时,你是否能够准确地把握住呢?能够发现机会很重要,更重要的是能够牢牢抓住这份来之不易的机会。不要逃避,勇敢面对机遇来临时的挑战,别让机会从你身边溜走!

机会永远不会走回头路

俗语说:"机不可失,时不再来。"这句话告诉我们把握机会很重要,一旦失去便很难补救。培根也说过:"机会老人先给你送上他的头发,如果你没抓住,再抓就只能碰到他的秃头了。"

在现实生活中,我们大多数人习惯谨慎地做事。过分的谨慎往往让我们错过了很多机会。我们经常可以见到有不少因为做事举棋不定、犹豫不决而不知所措的人,他们往往没有自己的主意。倘若是这样的人做了领导,在等他做出一个决定时,他表现出一幅犹豫不决的样子,这样又怎能赢得下属的信任?长此以往,这个领导还能永远地当下去吗?即使你后来发现了自己的失误,但再想回头寻找机会,这已经是不可能的事情了。

在我们身边的那些平凡人,其实他们中的大多数并不是没有能力,而是因为一时的犹豫而错过了最佳时机。他们总想把所有的信息收集、分析后，再做出决策，以确保不会做出错误的决定。但是事实告诉我们，当我们考虑好各方面的因素再做出一个决定时，我们早就丧失了与机会亲密接触的时机，并且同样的机会很难再出现了。

王长田，这个名字大家听起来也许有点儿陌生，可是提及"光线传媒"，年轻的朋友一定很熟悉。在它旗下的《娱乐现场》《音乐风云榜》这些节目都有很高的知名度，而这个品牌的创建人就是王长田。

光线传媒的创建史，其实也是王长田的冒险史。王长田毕业于复旦大学新闻学院。一开始，他在中央电视台工作，可是他很快就辞去了这份让人羡慕的工作，选择了去自己钟情的《中华工商时报》工作，这是他的第一次冒险。在他得知《人民日报》要办一档新的栏目时，他决定再次冒险创办《北京特快》，开创一种属于自己的新锐风格，很快，《北京特快》已经风靡全城。可是王长田却没有止步，又入主改版的《经济半小时》，在央视的大舞台，进行再次冒险。等到再次离开电视台后，王长田正式创办北京光线电视策划研究中心，制作《娱乐现场》，成为中国民营传媒领域的先锋和领袖。

虽然如今的王长田已经功成名就，但他对机遇的发掘却永远没有停止。对于王长田来说，他下一步的目标是建立中国第一原创电影品牌。

"一着不慎，满盘皆输"，相信王长田也明白这个道理。可是他也同样知道成功的路上往往就需要一种冒险的精神，一旦回头，那么机会就将属于别人。美好的未来不是等出来的，不敢冒险，就意味着一辈子的平庸。时光不能够倒流，机会也永远不会回头，所以，王长田选择了冒险，哪怕最后真的失败了，他也不会后悔他曾经的尝试。

我国台湾著名作家林清玄先生曾经说过："有的事情，你错过了一回，就错过了一辈子。或许这样的机会在你的一生之中只有一次，而你错过了这一次，即便以后你做好了种种准备，也会变得毫无价值。"当机会悄然而至时，你或许还没有做好准备，不过不要惊慌，先占有机会，然后再尽可能地去准备得更加充分。

　　机会往往就是在我们的优柔寡断之中消失的，这也就是我们说的为什么机会最难把握。如果没有一点儿果断的处事风格，即便是机会接踵而至，也会被一一挥霍殆尽。下面的这个故事就很好地印证了这个道理。

　　贺某是一名经营服装生意的商人。有一天，一本服装杂志上的文章引起了他的注意，文章里面介绍了夏天在广州、上海等一些城市可能会流行的服饰。看完这篇文章之后，贺某心想，文章里没有说到这些服饰是否也会在他居住的重庆市流行，但是重庆应该也会顺着潮流走。几经思量，贺某盘算着也进那几款服饰回来。

　　就在准备进货的时候，贺某心里突然开始犹豫起来。他开始设想各种可能出现的情况：如果这批衣服在重庆没有市场，自己岂不是要损失很多钱？经过一番心理斗争后，贺某便没有立即去进货，而是持观望的态度。

　　随后不久，在与贺某相邻的一家服装店摆出了贺某从文章里看到的那几款服饰，而且卖得很不错。看到行情不错，贺某赶紧到厂家去进货。在厂家货源不足的情况下，贺某还是订购了很大一批。他本想好好地赚一笔，可是没过多久，贺某就傻眼了。在那些衣服摆到他的服装店后，由于流行趋势的改变，不久前还很好卖的几款衣服竟少有人问津了。

　　完全相同的衣服在不同的时间段销售，结果却是天壤之别。贺某的衣服之所以卖不掉，原因很简单，那就是在他"万一"心理的观望中，被别人抢占了市场份额。

　　持着一种"万一"的心态对事情进行考虑，固然让我们提前做好了各方面的准备，可是考虑得过多就显得有点儿"钻牛角尖"了。如果贺某在最初能够少进一些货进行尝试，结果就不会像现在这样了。都是同样的款式，把握住机会就是财富，把握不住就是"滞销货"，关键在于你如何选择。

　　所以，别指望着"回头找机会"。时刻提醒自己，机会的门铃只响一次。心中怀着一种"战战兢兢"的紧迫感，在机会出现时我们切莫犹豫，勇敢果断地迎接机遇的到来，这才是上上之策。

机会只青睐有准备的人

巴斯德曾说过:"机会只偏爱有准备的头脑。"这句话告诉我们:一个人的素质往往决定了一个人能否把握住机会。那些"有准备"的人往往更能得到机会的眷顾。

所谓的"准备"主要有两方面的内容:一是知识的积累。没有广博而精深的知识做基础,要发现和捕捉机会是不可能的。二是思维方法的准备。只有单一思维方式的人注定也是看不到机会的。鲁班被茅草划破手指,从中得到启示,发明了锯;牛顿见苹果落地,触发了灵感,发现了万有引力。这些实物和理论的出现并不是他们凭空想象出来的。既是源于他们平时的理论积累,也是得益于他们"举一反三"的思维方式。

从古到今,在无数成功者的历程中,我们都可以看到:他们的成功从来不是因为他们先天所具有的条件,而是根据需要让自己具备哪些条件。通常他们都有一种把"缺陷"变成"优点"的能力。为了与成功更加接近,他们总是在努力地提高自己各方面的素质。

奥巴马之所以能够成为总统,很大程度上是因为他不断地充实自己。丰富的个人经历无疑是他最宝贵的个人财富。

奥巴马出生在夏威夷,又在印尼长大,成年之后他又回到了美国本土。对于很多人而言,漂泊过后,渴望的就是一份宁静的生活。可是奥巴马却反其道而行之,他总是不能停下自己前进的脚步。

奥巴马在伊利诺伊州做州议员时曾经说过,虽然自己并不是土生土长的伊利诺伊州公民,可是在大学毕业后,他曾搬到那里居住过。当时在

芝加哥他一个人都不认识，既无经济来源，也举目无亲。在艰苦的条件下，有几个教堂为他提供了一份社区组织者的工作，每年可以收入1.3万美元，正是这样的一番经历，让他有机会拜访了芝加哥几个最贫穷的社区，了解了底层人民的生活。

作为一名政治家，很少有人会这样讲。可是奥巴马却不这样认为，他不仅讲述了这些确实存在的事实，而且还对这些问题产生的根源进行了深入的思考。正像他所说的："大量工厂的关闭给这些社区造成了严重的创伤，我加入到牧师与普通教职人员的队伍中一起来解决这些问题。我发现人们遇到的并不只是地区性的问题——关闭一家钢铁制造厂的决定来自遥远的行政主管；学校里书本和电脑的缺乏可以归咎于千里之外政治家们倾斜的工作重心；当一个孩子诉诸暴力时，他的心灵空洞，政府永远无法弥补。正是在这些社区里我受到了有生以来最好的教育。"

这些事情都是奥巴马的亲身经历，这些经历不仅帮助他对社会进行了深刻的剖析，而且也进行了自我的反省。这一切，正是奥巴马的成功准备。

在奥巴马看来，不论什么时候都应该提升实力，这样机会才会纷至沓来。生活的真相，奋斗的捷径，其实也正是这样。不要抱怨和发牢骚，而是要让自己不断进步，这样成功的可能性自然大大提高。只有经过磨炼，才能蜕变；唯有埋头，才能出头。倘若奥巴马没有这样丰富的人生经历，他又如何能做到深入人心；倘若奥巴马没有这样丰富的前期准备，那么即使有人推荐他去参加总统大选，相信他也不会对自己充满自信。

机会是亲切随和的，只有那些有着充分的心理准备和必要的物质准备的人总是期待着能与机会交朋友，而机会也乐意与这样的人交朋友。没有做好充分的知识准备，没有必要的知识积累，又缺乏脚踏实地的耐心，即使再好的机会与你正面相撞，机会也不会选择你。

再想想你的偶像林书豪吧。在大学期间，他不断地参加比赛，不断地进行自我提高，这才是他能走进NBA的关键。没有大学期间的准备，他就没有能力在 NBA 立足!

张骥是美光公司北京办事处首席代表——中国区总经理，出任该职位时仅仅 29 岁。这在年轻人居多的计算机行业是件令人称奇的事情，没有人能想到在此之前，总公司正打算撤销在中国的这家办事处。

张骥原本是该公司驻北京办事处的一名普通员工。当知道总公司决定撤销办公事处后，张骥的领导早早地就另谋高就了。就在这时，公司总部突然让张骥去参加总部的会议。虽然他对于公司为什么会让他去参加会议满腹疑问，但是他决定进行最后一搏，保住北京的办事处。于是，他在飞机上做出了美光公司在中国两年的发展计划。这份计划之所以在短时间内能够完成，与张骥平时养成的喜欢积累心得体会的习惯是分不开的，他总认为即使和别人干同样的工作也应该有自己的想法。

结果，在会议开始前的 5 分钟，张骥获准在会议上讲述自己的发展计划。之后，美光公司决定保留北京的办事处，而且还要加强在中国的发展，并对张骥委以重任。在关键的时刻，张骥取得了胜利，同时也告诉我们，机会从来都只是青睐那些有准备的头脑。

在看到别人成功时，我们通常会说是因为运气，可是我们只看到了别人成功的光环，却没有看到他们在背后所付出的努力。与其奢求那样的好运气也会落到自己的头上，还不如脚踏实地地从小事做起。就像张骥如果平时没有充分的积累，他又怎么可能在短暂的乘飞机的旅途中做出一份科学的发展计划呢?

或许在过去的那些时光里，我们一直在等待成功的机会，并为此耗费了大量的时间，最后却是失望而归。那么从今天起，在等候的同时，让我们做好充足的准备，让自己保持在最佳状态，这样，在机会出现时，我们就可以紧紧地抓住它。

天上不会掉馅饼，机会也不会白白出现在我们面前。有许多人总是在想着如何"碰"机会，如何"等"机会，如何"混"机会，对于这样的人，机遇永

远不会光顾他们。就像哈佛校训所说的那样："时刻准备着，当机会来临的时候你就成功了！"

你敢或不敢，机会就在那里

很多时候我们抱怨上天不给予自己成功的机会，在抱怨的同时我们没有发现其实机会就在我们身边，只是因为我们害怕困难而自行放弃了，而机会一旦丧失，就很难重新拥有。很多时候，只要积极地尝试过、努力过，纵然没有取得成功，你也毕竟拥有了经验，而且你的精神意志也会在不断地尝试过程中渐渐得到锻炼和提升。

每个人成功的机会都是相等的，只不过是那些具备胆识、勇于挑战的人比平常人善于把握罢了。有很多人是在别人的不认可甚至是鄙夷中获得成功的。要想获得成功，我们就得打破常规，敢于走别人从未走过的路。虽然看起来有点儿危险，但成功往往就躲藏在危险的后面。

阿曼德·哈默是美国一位成功的冒险家、企业家。在人们向哈默请教获得财富的秘诀时，哈默总是摇摇头，反问一句："你敢冒险吗？"而有一段关于他的故事，更是可以让你看出冒险对于财富的重要性。

在一次晚会上，又有人请教哈默成功的秘诀。哈默皱皱眉说："实际上，这没什么。你只要等待俄国爆发革命就行了。到时候打点好你的棉衣尽管去，一到了那儿，你就到政府各贸易部门转一圈，又买又卖，这些部门大概不少于两三百个呢！……"

在别人看来，哈默的话对请教者显得很不尊重。然而事实上，这正是20世纪20年代时，哈默在俄国13次做生意的精辟概括。

1921 年,哈默还是一名医生。那时的苏联经历了内战与灾荒。哈默本可以选择坐在清洁的医院里安稳地度过一生,可是哈默在战乱中看到了商机。于是他做出了一般人认为是发了疯的抉择:踏上了被西方描绘成地狱似的可怕的苏联。

当时的苏联人民生活十分困难:各种传染病和饥荒严重地威胁着人们的生命。列宁领导的苏维埃政权采取了重大的决策——新经济政策,鼓励吸引外资,重建苏联经济。但很多西方人士对苏联充满偏见和仇恨,他们把苏维埃政权看作是可怕的怪物。到苏联经商、投资办企业,被称作是"到月球去探险"。

哈默心里当然也意识到了这一点,不过他认为:风险大,利润必然也大,值得去冒险。坚强的哈默饱尝了大西洋中航行晕船之苦,摆脱了英国秘密警察的不断纠缠,终于到达了苏联。看着沿途的景象,哈默有些吃惊了:霍乱、伤寒等传染病流行,城市和乡村到处有无人收殓的尸体,专吃腐尸烂肉的飞禽,在人的头顶上盘旋。

哈默看到这种场景,心中一阵悲痛。但是商人的精明告诉他:被灾荒困扰着的苏联目前最急需的是粮食。而美国现在最富余的就是粮食。农民宁肯把粮食烧掉,也不愿以低价送到市场出售。而苏联这里有的是美国需要的、可以交换粮食的毛皮、白金、绿宝石。如果让双方能够交换,岂不两全其美?

各项准备做好之后,哈默向苏联官员建议,用苏联的货物交换美国的粮食。双方很快达成了协议。没多久,哈默成了第一个在苏联经营租让企业的美国人。在这以后,苏联政府给予了哈默更多的特权。随后不久,哈默就成为美国福特汽车公司、美国橡胶公司、艾利斯-查尔斯机械设备公司等三十几家公司在苏联的总代表。就这样,哈默的生意越做越大,收益也越来越多,他存在莫斯科银行里的卢布数额惊人。

在一次勇敢的冒险后,哈默取得了成功。于是,"只要值得,不惜血本

也要冒险"成了哈默做生意的最大特色。这个观念,贯穿了哈默的一生。

我们不能因为害怕而拒绝一切尝试,冒险精神是任何一个创业者都必须拥有的,哈默的成功就是一个很好的例子。如果一个人不愿意冒险,不敢试着抓住停留在自己面前一晃即过的机会,那么他就永远抓不住机会。相反,如果一个人在机会面前勇敢面对,坚定挑战的信心,那么他极有可能取得成功。冒险不一定成功,但是不冒险去尝试一定不可能成功。人要想在生意场上取胜,机会是必不可少的,过度谨慎就会失去发展的大好机会,从而将属于自己的市场拱手让人。

"幸运喜欢光临勇敢的人。"这是西方一条有名的谚语。它向我们说明了冒险与机遇是紧密相连的。冒险是表现在人身上的一种勇气和魄力,险中有夷,危中有利。倘要创立惊人战绩,就应敢于冒险。

张峰在武汉开了一家魔术创意店,如今他的店在武汉乃至整个湖北省都非常出名。究其原因,就是因为他敢于冒险,有了想法就果断地决定,早早地抢占了魔术市场的先机。

众所周知,因为刘谦在春晚上的表现,导致魔术行业在中国风行一时,掀起了"全民魔术"的热潮,随后各地的魔术店也越来越多。可是,在除夕夜之前,张峰就已经发现了这里面的商机,于是当机立断决定投资魔术店。

原来张峰对魔术非常喜欢,在闲暇时间,他经常观看一些国外魔术师表演的经典视频,有时甚至还从国外购买道具进行模仿学习。自然地,刘谦也经常出现在自己的视野之中。当他得知刘谦将会出现在春晚舞台上时,他变得兴奋异常:能从电视里看到自己的偶像,这是件多么令人激动的事情啊!

在兴奋之余,他想到了另外一个问题:春晚就像是一个明星加工厂,加上刘谦的形象非常好,相信春晚之后,全国一定会出现很多他的"粉丝"!爱屋及乌,那些"粉丝"也一定会对魔术产生兴趣!可是目前在全国范国内专业销售魔术道具的专业店并不是很多,这个市场岂不还是一片空白?如果投资这个项目,一定能够有好的收益!

有了这个想法之后,张峰决定勇敢地尝试一下,他不顾家人的阻拦毅然辞职,迅速进行了魔术创意店的规划。春节刚过完,他的店也顺利开业了,没想到一开门就吸引了众多魔术爱好者的光临。就在其他投资者还在找店面、寻进货渠道的时候,张峰基本上已经垄断了当地的魔术道具市场。2010年春节,借着刘谦再次登上了春晚舞台的契机,张峰的生意又火了一把。看着火暴的生意,张峰很庆幸自己当年做出了果断的选择。

你敢或不敢,机会就在那里。每一个人,都应该成为自己命运的设计师,都应该对生活承担责任。上天是公平的,只有付出才能有回报,只有进行勇敢地尝试,机会才可能来敲你的门。如果没有把握机遇的意识,你只能在消极的生活中"熬"过一天又一天,直到自己老去。

我们总是时常提醒自己"马上做",可就是这简简单单的3个字,说起来容易,做起来却难。从平凡人走向富翁需要的是把握机会,而当机遇平等地送到大家面前时,只有有勇气和胆略者才能抓住它,进而走向成功。勇气和胆略意味着需要冒险,而哪一个成功者没有冒险的经历呢?

主动找机会,别让机会来找你

能够成为大红大紫的 NBA 巨星,林书豪经历了很多磨难,最终找到了属于自己的机会。但这份机会并不是等来的,而是靠他自己主动找到的。平凡的我们,是否应主动去寻找机会,给自己一个一鸣惊人的机遇?

很遗憾,多数年轻人的答案是否定的。在人的一生中,上天给予了我

们很多次的机会。那些成功的人不仅能够勇敢地面对机会的挑战，而且还善于主动地寻找机会。那些"守株待兔"等待机会找上门的人，通常他们不仅不会反思自己，而且经常抱怨："机会为什么不来找我？"

想要拥有属于自己的机会，那么你必须勇于尝试，一次次地去叩响机会的大门。这样，属于你的人生大门才会打开。

2003 年，一部名为《风雨哈佛路》的电影在全球上映，赢得了不错的票房和口碑。这部电影讲述了一个催人奋进的故事：生长在纽约的女孩莉斯，在她的一生中她总是在不断地经受磨难：她没有良好的家庭环境，父母吸毒、8 岁开始乞讨、15 岁母亲死于艾滋病、父亲进入收容所……母亲去世的那一天，只有棺木，连简单的葬礼仪式都没有。最简单的父母亲情，对莉斯来说也是一种奢望。在母亲的告别仪式上，她跳上了棺木，静静躺在上边，和她的母亲做最后的告别。一个渴望被亲情围绕的弱小女孩，上天留给她的，除了伤心，只有伤心。

所有人都认定莉斯没有未来，就连她也认为，自己将来会受尽人生的折磨与屈辱。但是同时，她依旧清楚地告诉自己，如果沉沦下去，她将会和母亲的结局一样悲惨！想到这里，莉斯决心告别过去的生活，她要挑战人生，抱着成功的心态去迎接未来的曙光！

靠着自己不断地努力，莉斯争取到了参加进入中学考试的机会，她以非凡的毅力开始了刻苦的学习。在两年时间内，她掌握了高中 4 年的课程，并且每门学科的成绩都在 A 以上。最终，莉斯考上了梦寐以求的哈佛大学，这个贫苦的女孩用乐观的心态和顽强的毅力改写了自己的人生。

莉斯是坚强的。她最终经受住了生活对她的考验。其实，谁都可以找到属于自己的机会，关键就在于你是在消极等待，还是在积极寻找。当一个人的心态是积极的，是充满自信的，他就会萌生巨大的勇气，会用积极的行为去改变自己的处境。倘若小莉斯不愿面对未来的生活，认定自己就是失败的、就是被遗弃的，那么纽约就会多了一个自甘堕落的小混混，却少了一个感动世界的哈佛高材生。而走进世界名校的机遇，自然也不属于她。

对于大多数的成功者来说，就在所有人都对自己丧失信心时，他们仍旧不愿意抛弃自己，他们主动地去寻找机会。那么，年轻人该如何找到属于自己的机会呢？唯一的方法就是——多学习，多尝试。哪怕有时候这种尝试看起来似乎有些"不务正业"。正像林书豪一样，这个哈佛大学的经济学学生，倘若只是固步自封地在本专业中打拼，却从不去尝试篮球，那又怎么可能跻身 NBA 的世界？

侯建成是华东师范大学化学系的一名学生，他对摄影有着强烈的兴趣。他在学校期间就加入了学校的摄影协会，并成为了会员。凭着对摄影的爱好和执著的精神，他的摄影水平不断提高，并且作品在摄影协会中多次获奖。可是他的专业课却不是那么优秀，甚至还出现过"挂科"的情况。

由于自己在摄影方面的独特天赋，侯建成在学校里非常"风光"——学校要求摄影协会为学校校报找新闻图片，而摄影协会经过研究任命侯建成为主编。在工作的过程中，他牢牢地把握住机会，他边工作边积累经验，掌握了不少的新闻经验和摄影技巧。

到了毕业求职的时候，由于自己的专业课成绩不尽如人意，侯建成在招聘单位前处处碰壁。这时，系里的就业指导老师建议道："既然你在摄影方面那么优秀，何不尝试从事摄影方面的工作呢？为什么非要和别人一样，把求职意向局限在科研机构、学校等少数单位上呢？"

听了老师的一番教导后，侯建成决定改变求职的方向。他开始注意报社和杂志社发布的招聘信息。没多久，他就通过了武汉一家报社的面试，成为这家报社的专职摄影记者。开始，由于对给照片配文字说明的工作很不在行，他的工作并不顺利。但经过一段时间的学习摸索之后，侯建成的采访能力和文字功底大大提高了，他工作起来也得心应手了，与新闻科班出身的摄影记者相比，侯建成毫不逊色。

积累了丰富的经验后，侯建成跳槽到了一家更大的报社。由于他能胜任多种工作，所以工资很快由 3000 元涨到了 1 万元左右。回想当初的选择时，他很庆幸自己进行了其他尝试，这才找到了真正属于自己的机会。

年轻人多尝试，这是增加自身阅历的唯一途径。这样，我们才能找到真正属于自己的机会，而不是陷于无尽的懊恼之中，抱怨机遇不青睐自己。在这一点上，美国人做得很好。美国人很热衷于调换工作岗位，对于他们来说，通过岗位的调整，他们能找到最适合自己的地方和位置，这也是对机会的一种挖掘。而中国人恰好相反，最不愿意的就是换工作岗位，就想一辈子待在同一个地方。就是因为如此，才造成了我们和许多机会的擦肩而过。

对于年轻人来说，只有多经历一些生活的挑战才能让自己变得更加优秀。在对待本职工作时，为了获得真正有用的阅历，我们就不要斤斤计较待遇的高低、工资的多少，而是要认真地把基本功练好，发挥自己的特长，这样才有进一步积累更多更高阅历的机会。同时，在日常生活中，我们还需要建立好自己的人际关系网，因为很多机会都蕴藏在自己的关系网中。社会中有不少人地位并不高，但是他们待人接物热情大方，这样的人在遇到困难时，一定会有很多人愿意帮助他。平时不助人，急时难求人，就是这个道理。

归根到底，只要敢于主动找机会，那么美好的明天一定属于你！

机遇就是关键的一两步

"一个人的一生是漫长的，但是关键的就那么一两步。"这是著名作家柳青说过的一句话。仔细揣摩，这句话很有哲理。在很多时候，往往就是因为那简单的一两步，我们很可能改写自己一生的命运！

一步走好，造福一生。上天的机会，往往是赐予那些敢于迈出一步、勇敢挑战命运的人的。吉鸿昌说过："路是踩出来的，历史是人写出来的。人的每一步都在书写着自己的历史。"诚然如此，只要敢于迈出关键性的一步，并且为之不懈地努力，"柳暗花明"指日可待，坎坷的前路也将会峰回路转。

康多莉扎·赖斯是美国历史上的首位黑人女国务卿，在她成长的路程中，也有一段不寻常的经历。

赖斯的母亲是一位音乐教师，因此她自幼便学习音乐。她16岁时，就考入丹佛大学音乐学院。所有人都认为，赖斯未来一定会走一条音乐之路。然而，赖斯却有自己的想法，她渐渐地感到自己实际上并不具备音乐的天赋，尤其是当她看到一些10岁左右的孩子演奏得非常流畅的曲子自己却要练习一年时，她越发坚定地告诉自己："我绝对不是学音乐的料！"

放弃音乐之路对赖斯来说是一个艰难的抉择，毕竟自己已经付出了太多的努力。然而，经过一番思索后，赖斯还是决定放弃音乐生涯，开始学习国际政治概论。

事实证明她的选择是正确的，赖斯在这一领域很有潜质。通过老师的提拔与鼓励，19岁时，她就获得了政治学学士学位；26岁时，她获得了博士学位。凭借着自身的努力，赖斯踏上了美国的政坛，成为了美国历史上

第一位黑人女国务卿,被人们誉为"钢铁木兰"。

假设赖斯当年继续走她的音乐之路,她很可能就是一个很普通的音乐人,而世界上就会少了一位杰出的女性政治家。赖斯的故事告诉我们:想要离成功越来越近,就要敢于做出改变,走出关键的一步,这样即使失败了,也不会悲悲切切。

在历史的长廊中,有很多关键的"一步"决定了历史的进程:廉颇负荆请罪,使"将相和"的美谈千古流传;刘备三顾茅庐,使蜀国后来能取得三足鼎立的一席之位;毛泽东在遵义会议上的重要决定,使得中国革命结束了"左"倾路线……这些"一步"表现的不仅是个人的思想行为,更决定了大环境下的政治格局。可见"一步"看似短暂实则重要,看似偶然实则是经历了慎重权衡才能成就的!

人生的阶梯一步步向命运的深处延伸,关键之处的一步,往往直接决定了最终的成败。但是,谁也不会事前预知哪一步是关键的一步。因此,人生的每一步都是重要的。慎重地走好生命中的每一步,尽力将人生之路走得精彩而无悔!

戴尔电脑相信每个人都不陌生,而其创始人迈克尔·戴尔的个人创业史也是一段非常传奇的经历,正是凭着在关键时刻的果断坚持,才有了他今天的成就。

戴尔上大学的时候,非常想拥有一台属于自己的电脑,可是由于电脑售价太高,他根本买不起。电脑的价格为什么这么高呢?带着这个疑问,戴尔开始对电脑市场进行考察。考察之后他发现:IBM是当时个人电脑品牌的龙头老大,可以说几乎垄断了市场。正因为如此,IBM公司规定经销商每月必须提取一定数额的个人电脑,而多数经销商都无法把货全部卖掉。他也知道,如果存货积压太多,经销商会损失很大。

在明白市场规则之后,戴尔在这里面发现了商机,他决定按成本价购得经销商的存货,然后在宿舍里加装配件,改进性能,最后再以低于市场价的价格销售。结果,戴尔的电脑果然很受欢迎。

尽管戴尔的这个生意越做越火,可是这却让父母很反感,认为这是"不务正业"。当然,戴尔并不这样认为,他开始同父母展开谈判,终于,他们达成了协议:他可以在暑假时试办一家电脑公司,如果办得不成功,到9月他就要回学校去读书。

在得到家人的支持后,当时只有19岁的戴尔开始在电脑市场大展拳脚。结果,戴尔公司第一个月营业额便达到18万美元,第二个月26.5万美元。不到一年,他便每月售出个人电脑1000台。到了戴尔大学毕业的时候,他公司每年的营业额已达7000万美元。这时候的戴尔已经不仅仅满足于组装别人的电脑,他决定自行设计、生产和销售自己的电脑。这才有了今天我们所看到的"戴尔电脑帝国"。

在关键时刻,戴尔走出了关键的一步,勇敢地踏上了创办公司的道路,从而使自己成功跻身于"全球首富圈"。机遇就是这样,它其实离你很近,只要你敢于踏出重要的一步去接近它。人一生的遭遇,往往决定于人生道路上关键的几步是走对了还是走错了。这实际上是说,就看你在一生中的几次重要的机会到来时,是敏锐果断地及时抓住和利用了它们,还是眼睁睁地看着它们擦肩而过。

项羽因为自大,小看刘邦,最终自刎乌江,功败垂成;吴王夫差因为轻视勾践,最终兵败,功亏一篑;孙中山一生努力,最终却将革命果实拱手让给袁世凯,铸成千古遗恨……这些都是关键时候的错误一步而导致全盘皆输。正确的一步当然造福自己一世,甚至造福人间;一次抉择的失当,将形成永远不能弥补的过失。

抓住机遇也是如此,每一步都决定你的人生走向,一步走错,就有可能与成功南辕北辙。看似简单的"一步",其实隐藏着很大的玄机,在迈出人生中关键的一步时,既要深思熟虑,又要敢于果断出击,只有这样,我们的步伐才能更加坚实有力!

第二课
你的家人永远与你同在，
你的心也应该和他们在一起

直到北京时间 2012 年 2 月 8 日，林书豪才获得尼克斯队的保障性合同，不用为余下来的赛季而担忧。在这之前，他随时都可能被球队裁掉。此前他只能在纽约市下东区的哥哥家睡沙发。林书豪的家人一直都相信他，在他快要放弃的时候也给予他支持，这使他坚守自己的信念。如果你希望家人也这样支持你，你需要在适当的时候有所表现，不要让他们失望。

父母给了我们最坚定的支持和最深的爱

父母把我们带到这个世界上,从我们呱呱落地的那一刻起,父母就再也没有清闲过。父母无怨无悔担负起抚养我们的重担。为了能给我们一个舒适的生活环境,他们总是那么辛苦,那么努力。在我们的人生道路上,是父母给了我们最坚定的支持和最深的爱。

"美国的很多亚裔家庭,都把孩子的学业看得太过重要;而在我看来,能有更多时间陪伴孩子们一起玩耍,同样是件好事,我非常享受这种天伦之乐。"时至今日,林书豪的父亲林继明这番话无疑会成为许多父母奉为真理的育儿金句,而林书豪的成功,自然也离不开父母和家庭的支持。

当然,最初的时候,林书豪的母亲吴信信女士还是希望让孩子沿袭一条"正统"的人生轨迹的。她希望儿子能够把学业放在第一位,闲暇时学学钢琴等乐器,以后可以考虑当一名医生、律师、工程师或科学家,在母亲的眼中,这无疑是美籍亚裔人最稳妥的出路。但父亲却坚定地支持儿子的篮球梦,他对妻子说,篮球是自己的最爱,也可能是孩子们感兴趣的事情,如果他们真的有兴趣,做父母的就应该全力支持,"我完全没有必须把他培养成职业球员的想法,如果到时候他说自己根本不喜欢这项运动,那么我绝对不会再强迫他打篮球。"

从此之后,林书豪的篮球梦得到了父母全心全意的支持。父亲林继明,大哥林书雅,三弟林书伟和自己开始了一周三练、每次一个半小时的篮球特训,即便是孩子们后来都上了学,业余时间没那么多了,训练也没有间断过。三兄弟放学回到家后,会以最快的速度做完作业,吃东西,休息片刻,从晚上8点半开始训练。练习的内容并不复杂,甚至可以说是单调乏味的:运球、投篮、上篮、传球,各项基本技术都不放过,再加上二对二的林家内部斗牛赛。

和其他篮球少年模仿乔丹、艾弗森等明星炫目的高难度动作不同,父亲给儿子看的录像带、教他们模仿的动作,绝大多数都出自已经退役的老球星。哪怕3个男孩跳起来还摸不到贾巴尔的肩膀,但父亲坚持让他们有模有样地练习着勾手投篮——尽管没有打过一天职业比赛,甚至没有接受过专业指导,但父亲却遵循着已被许多青少年篮球教练忘记的铁律:一名球员的成功,源自自身坚实的基础。"我坚信,他们从这个年龄就开始苦练基本功,这些技术会深深植入他们的血肉之中,有坚实的基础,才会有后来的成功。"这是作为一个资深球迷,同时也是林书豪的父亲兼启蒙教练林继明对于篮球的理解,如果没有父母的支持,当然也就不会有今天横空出世的篮球明星林书豪了。

请记住,无论你从事什么样的行业,走怎样的人生之路,无论你的选择是否与父母原本的规划相一致,但最终父母总是会给我们最坚定的支持和最深沉的爱,就像林书豪的父母所做的那样。是父母使我们有机会在这五彩缤纷的世界里体味人生的冷暖,享受生活的快乐与幸福,是他们给了我们生命,给了我们无微不至的关怀。儿女有了快乐,最为开心的是父母;儿女有了苦闷,最为牵挂的也是父母。父母给我们的爱比大海还深,比天空还高。因此,不管父母的社会地位、知识水平以及其他素养如何,他们都是我们今生最大的恩人,是值得我们永远去爱的人。

父母给了我们最坚定的支持和最深的爱,我们当然也要用自己内心中最深沉也最柔软的感情去爱他们,去报答他们的恩情。电视台曾播过一篇感人的广告:一个大眼睛的小男孩吃力地端着一盆水,天真地对妈妈说:"妈妈,洗脚!"就是这样的一部广告,时至今日仍在热播,动人的原因,不是演员当红,而是它的感情感动人心,不知感染了天下多少的父母儿

女。很多人受感动而流泪,都是为了那一份至深的爱和发自内心的感恩。

也许我们的父母不求我们能够回报给他们什么,他们肯为我们贡献出他们最后的一份力量,还乐此不疲。我们一生大半的时间都是在向父母索取,父母对我们的恩情,可以让我们受用一辈子。我们不能等到父母老去的时候,才想起要报答他们。

就让我们从现在开始向父母感恩吧,是他们给了我们最坚定的支持和最深的爱。只有懂得对父母感恩的人,才能算是完整的人。父母为子女撑起了一片爱的天空,当你受伤时、哭泣时、忧郁时、难过时,你可以随时回到这里,享受父母的爱,这便是他们的幸福了。向父母感恩,哪怕是一件微不足道的事,只要能让他们感到欣慰,这就够了。

每一个孩子都是父母掌中的珍宝

如果要问这世界上哪一种感情是最无私、最伟大、最温暖又最慈祥的,那一定是父母之爱。父母牵挂着我们的一切,他们的心情随着我们的喜忧而起伏,父母把太多的爱给了我们,却从不衡量得失,从不计较回报。

有了父母的爱,我们可以安然地沉浸在万物之中,行走于天地之间;有了父母博大的胸怀和无微不至的关怀,我们才能从无知走向睿智,从忧愁走向高歌;有了父母的爱,才有了生命的波动,历史的延续,理性的萌动。

有这样一个关于母爱的故事,令人感动。

儿子上幼儿园了,他的世界扩大了,他有了自己的朋友和圈子。妈妈多么希望别人也能像她一样喜欢他的儿子,希望儿子在他的世界里健康快乐地成长。

然而，后来的一次家长会，却让她伤心了。幼儿园的老师对她说："你的儿子有多动症，在板凳上连3分钟都坐不了，影响了其他的小朋友，你最好带他去医院看一看。"全班30位小朋友，唯有他表现最差，唯有对他老师表现出了不屑，母亲的心情非常失落。

回家的路上，还不知情的儿子兴奋地问妈妈，家长会上老师到底说了什么。她鼻子一酸，快要掉下泪来，但她仍然告诉儿子："老师表扬你了，说宝宝原来在板凳上坐不了1分钟，现在能坐3分钟了。妈妈很开心，因为宝宝进步了！"

她知道，儿子需要鼓励，他小小的心灵需要更多的自信。那天晚上，儿子表现得非常懂事，破天荒吃了两碗饭，并且是自己吃的，没让她喂。

儿子并不聪明，小学的课程都有些吃力。一次数学考试，儿子考了倒数第十名。老师告诉她："我们怀疑他智力上有些障碍，您最好能带他去医院查一查。"回家的路上，她又流下了泪。回到家她却对儿子说："老师对你充满信心。他说了，你并不是个笨孩子，只要能细心些，会超过你的同桌的。"

说完这话，她发现儿子一扫考试失败的沮丧，眼神也有了光彩。她甚至发现，儿子温顺得让她吃惊，好像长大了许多。她知道，任何一点儿打击都会让儿子失去斗志，唯有鼓励，才能成为儿子前进的动力。

初中的家长会，她坐在儿子的座位上听老师点名，她已经习惯了儿子的名字总是出现在差生的行列中，然而这次直到家长会结束都没听到儿子的名字。老师告诉她："按你儿子现在的成绩，考重点高中有点儿危险。"虽然老师没有夸奖儿子，但他知道儿子有了很大的进步。

从来没有一次家长会让她这样轻松，她怀着欣喜的心情走出校门，心里有一种说不出的甜蜜。她告诉儿子："老师对你非常满意，他说了，只要你努力，很有希望考上重点高中。"

儿子考大学了,报考的是清华大学。这些年来,儿子用一次次的惊喜来回报她的鼓励和支持,她知道,这次儿子也不会让她失望。

当儿子把特快专递交到她手里,当她看到清华大学的邮戳时,她的眼泪再次流了下来,她再也不用在儿子面前掩饰自己的眼泪了。儿子知道了从小到大妈妈那些善意的谎言,也哭了:"妈妈,我知道我不是个聪明的孩子,可是,这个世界上只有你能欣赏我……"

是的,只有她知道,这些年来,儿子付出了多少,也只有她见证着儿子的每一个进步,每一次成长。当所有的老师都否定她的孩子的时候,她始终没有放弃,如果没有她坚持不懈的鼓励,儿子也许早就自暴自弃了。所以当喜讯传来,她怎能不悲喜交加。也许她的儿子不够优秀,不够完美,但在她眼里,儿子始终是最棒的!

这份母爱,鼓励着你我,也温暖着你我。

母爱是伟大的,父爱同样也是伟大的。

比起母爱,父爱也许是无声的,但却是有力的。他用行动引领儿女走向成功;用智慧教育儿女明白人生道理;用他的手,给儿女铺好道路;用他的肩膀,为儿女撑起一片天。

王教授是一个研究力学的专家,事业有成,妻子贤惠,但是却有一点遗憾,那就是他有一个痴呆的女儿。每每想到这一点,他心里就充满了不安。

王教授曾给学生讲课:"在力学里,物体是没有大小之分的,主要看它飞行的距离和速度。一个玻璃球,如果从 10 万米的高空中自由落体掉下来,也足以把 1 米厚的钢板砸穿出一个小孔。"他说:"即使是一粒微不足道的石子,如果从高空坠落,你也不可能稳稳接住!"

在一个风和日丽的上午,他正在实验室里做实验。忽然门被"砰"的一声推开了,他的妻子小梅惊恐万分地说:"咱们女儿爬上了一座 4 层楼的楼顶,说要像小鸟那样飞起来。"

听了妻子的话，他一下站了起来，椅子也被推翻了，他的心被提到了嗓子眼。他三步并作两步赶到那座楼下，学生们都惊慌失措地站在那里。高高的楼顶边上，他的女儿穿着一条天蓝色的小裙子，两只小胳膊一伸一伸的，模仿着小鸟飞行的动作。

女儿看见爸爸妈妈来了，表演的欲望似乎更加强烈，欢快地叫了一声就从楼顶上跳了下来。很多人吓得"啊"的一声连忙捂住了自己的眼睛，学生紧紧抱住他的胳膊。看到女儿像中弹的小鸟般垂直落下，他突然推开学生，一个箭步朝那团坠落的蓝色云朵迎了上去……

两天后，他躺在医院的抢救室里，下肢打着石膏，缠着绷带。床边围着焦急万分的学生，对他说："您总算醒过来了，您站在高楼下面接孩子实在太危险了，万一出现了意外……"学生们没有再说下去。他想起来了：当时很多人都喊着："危险！"惊叫声不绝于耳，但他本能地伸出胳膊朝向那朵蓝色云朵，他感到自己像被一个巨锤突然狠狠砸下，腿像树枝一样"咔嚓"一声折断了，眼前一黑就什么也不知道了。

现在他看着床边安然无恙的女儿和泪水涟涟的妻子说："我知道危险，可是对于一个父亲来说，在那一刻，有什么比女儿的生命更重要呢？"

父亲的爱，没有考量和犹豫；父亲的爱，没有保留和枯竭；在父亲的世界里，没有力学，只有接纳女儿的高度。就算女儿是残缺的，会成为父母一辈子的负担，既然叫自己爸爸，就是父亲心中永远的宝贝。也许我们不能给父母带来荣耀，但既然做了他们的孩子，我们便永远是他们手中的珍宝。

铭记父母的恩情，把心连在一起

当我们蹒跚学步时，父母牵着我们的手前行；当我们可以独立行走时，父母陪伴我们同行；当我们越走越远时，父母目送着我们的背影。就算走到天涯海角，我们始终走不出父母注视的眼光。

当我们青春勃发时，父母也许已两鬓渐白；当我们人渐中年时，父母也许已阖然而逝。"树欲静而风不止，子欲养而亲不待"。父母的艰辛我们能体会几分?趁父母还健在，让我们回报父母的深恩，将心与心连在一起吧。

包拯，字希仁，今安徽合肥人，包拯少年时便以孝而闻名，性直敦厚。在宋仁宗天圣五年(公元 1027 年)包拯中了进士，当时 28 岁。先任大理寺评事，后来出任建昌(今江西永修)知县，因为父母年老不愿随他到他乡去，包公便马上辞去了官职，回家照顾父母。他信守圣人"父母在，不远游"的教诲，直到 36 岁才正式出山，当了知县这样的小官。

在知县任上，他断了一个奇案，声名远播。38 岁升任知州，清明廉洁，受到上司重视和世人称赞，之后，开始朝廷重臣的政治生涯。

孝顺父母不是一句空话，也不分事情大小，更和身份无关。包拯为了父母舍去官职、在家敬孝的品质更值得当今很多年轻人学习。

父母无时无刻、无微不至地关怀着我们，除了照顾我们的衣食住行，还要努力打拼，为我们的成长创造更好的条件。他们没有因为忙把我们扔到一边，没有因为累而对我们置之不理，默默无闻地为我们做了这么多，我们也应该好好地孝顺父母。无论走到哪里，都心系父母!

除了父母，还有谁能如此包容我们，永远忍耐我们的缺点，忍耐我们不经意间对他们的伤害，并且永远用慈爱来回报我们的伤害。父母永远不会夸耀自己为我们所做的事情，也永远不会奢求从我们身上获得什么好处，只是源源不断地为我们投入。不可否认，父母总会渐渐老去，与我们产生极大的代沟，甚至他们会出现某些错误的思维，但即便如此，我们也不能对父母大发雷霆，伤了父母的心。

能有一位有知识又有涵养的母亲是做儿女的幸运，杨晓倩的母亲便是如此。小时候的杨晓倩是那样的乖巧和懂事，总是静静地依偎在母亲身边，听妈妈讲故事、唱儿歌，牵着妈妈温暖的手去这里去那里，有什么样的难题到了妈妈那里都能解决。在杨晓倩的眼中，母亲温柔又能干，还有一点点倔强。在母亲的疼惜、呵护和教导下，杨晓倩生活得非常快乐。

有其母必有其女，长大后的杨晓倩继承了母亲的很多优点，也继承了母亲的倔强。她成为了一所名牌大学的学生，在大学里接触到了丰富的知识、新鲜的资讯，领略到了更多的人生奥秘，甚至对生命的解读都有了一定的了解。不俗的气质、独特的个性使杨晓倩在同龄人中显得出类拔萃。

美好的大学时光匆匆而过，多年的求学生涯要结束了，面对社会的大熔炉，杨晓倩有些跃跃欲试。但她知道如今的大学生遍地都是，谋职并不容易。也许可以考研继续读书，但3年后还是要面临择业，那时候情况就乐观吗？再说母亲养了自己这么多年，自己也该回馈母亲了。不知该如何选择的杨晓倩向一向信赖的母亲求助。

但她没想到母亲的答案让她非常失望，母亲没有选择她考虑的两种方案，而是希望通过关系让杨晓倩进入政府单位做公务员。

母亲和杨晓倩的想法大相径庭，这是她始料未及的："妈，虽然找工作不容易，但我还是希望通过自己的努力……""倩倩啊，社会很现实，生存不容易啊，听妈的，妈找个熟人，给你找个稳定的工作。""妈，"杨晓倩生气了，"现在社会制度越来越透明化了，靠关系能靠几年啊。再说，我可不想

被人看不起。难道你想让你女儿以后什么也不会吗?为了稳定牺牲自己的理想?妈,你的想法该变变了。"

母亲也愣住了,这么多年以来,女儿从来没有这样义正词严地跟自己说过话,在母亲心中,晓倩还是那个可爱又听话的小女孩呢!

"就算你说的对,你也不能用这种态度。"

"我态度怎么了,算了,和你无法沟通。"

这次争吵使母女之间像是有了一道无形的裂痕,见了面,彼此也没有以前那样亲热了。其他亲友得知了此事后,也纷纷指责杨晓倩——用言语伤害最爱自己的人,是人一辈子做得最愚蠢也是最令自己后悔的事。

我们习惯了父母的关爱,所以对他们所做的一切觉得理所当然,习以为常。我们肆意地索取和享受他们的爱,把他们没有底线的包容当成了伤害他们的理由。父母包容了我们的幼稚、无知和荒唐,我们却无法包容父母的唠叨和落伍。我们性格叛逆,说话急躁,没有分寸,言语刻薄,失去耐心,造成了与父母之间情感的鸿沟。

父母尽可能地将人生经验全部传授给我们,生怕我们走弯路,走错路,或许有时候方式不太恰当,但我们要学会理解父母的本意永远是为我们好,不要忘了,父母的心永远和我们连在一起。

把自己最快乐的一面展现给父母

常常听到父母说:"我对自己的孩子没啥要求,只要他能健康成长,天天开心就行了,不求他成名成家,豪车洋房。"父母对我们的要求这么简单,那么让自己快乐,让父母少为自己担忧,便是我们给父母最好的馈赠。

这是一位叫"如烟"的网友和她父母之间的故事。

也许在其他人看来，她并不是一个优秀的孩子，甚至不是一个"称职"的女儿，她不能给父母买漂亮的衣服，不能带父母去旅游、下馆子，甚至连可口的饭菜她也不太会做。但在父母看来，她给他们带来的是不一样的生活体验，比起单纯的物质享受更要宝贵。因为她是那样的简单、快乐又善解人意，给父母带来了无尽的快乐！

她喜欢读书，细腻感性，心灵丰富，懂得享受生活和观察生活。随着阅历的丰富，对生命的思索越来越多，为了留住那些思想的碎片和灵魂的火花，她总是在键盘上敲击下对生活的感悟，并渴望与人分享。这样，她偶尔会有小豆腐块文章见诸报端，尽管稿费不多，但那份意料之外的惊喜常常让她喜不自胜，一有成绩马上向父母"汇报"。老两口引以为荣，人前人后大力宣传。向街坊邻居夸耀自己的女儿是个"才女"、"作家"。

因为性情和兴趣的独特，她和父母聊天的内容少了些家长里短，更多的是丰富有趣的故事。父母都60多岁了，每人都是"故事篓子"，十里八乡，远亲近邻，七大姑八大姨的，故事三天三夜也抖搂不完，于是她就成了他们最忠实、最热心的听众。父母滔滔不绝地讲，她饶有兴致地听，并把听到的故事加工整理成文字。

等到父母不说话时，她则把自己的所知、所见、所闻讲给父母听，大到国家大事，小到身边趣闻，海阔天空，话匣子一打开便再也关不住。老两口一边听一边讨论，有时因为观点不同还争得面红耳赤。更有意思的是，他们俩现学现卖，在街头闲聊的一堆人中，竟成了无所不知的"万事通"，因为他们老两口，街坊邻居的闲谈总是显得那么热闹。

除了读书、写作，她对美对艺术也有自己的追求。艺术并不是高高在上的东西，它在我们的生活中无处不在。为了让生活更有乐趣，也为了让父母开心，她跟别人要了一段近一米长的柞木根回来，信誓旦旦地说要把它变成艺术品。

　　父母笑她:"笨手笨脚的能干啥?"却又都跟着掺和:浸泡、去皮、修剪、打磨,一道工序都没落下。那段日子,院里天天都热热闹闹的,锤子、斧子、砂纸、摆了一地,一家人忙得不亦乐乎。老两口戴着老花镜,一丝不苟,认认真真的像小学生。父亲又是近瞧又是远看,说自己独具慧眼,灵感来了一定能瞅出点门道儿。后来总算完工,尽管形神都不具备,但做这个让父母锻炼了手脚,开动了脑子,一家人其乐融融,过得非常的快乐。

　　快乐总是会相互传染的,但有一次却让她虚惊一场。那次她和朋友一块儿去爬山,一直到晚上才回来,一大家子人都等着她呢。她正要给大家讲白天的见闻,妹妹却板起了脸:"你还不知道吧,今天老两口吵架了,吵得还不轻!"她一惊,赶紧询问是怎么回事。妹妹这才慢悠悠地告诉她:"他们俩在家争起来了,都说是自己的遗传基因好,有了你这么个好女儿!"她笑笑,一颗心才要放下来,弟弟又不买账了:"姐,爸妈这么喜欢你,我们都妒忌了!"一家人又被这话逗得哈哈大笑。

　　如今的时代,人们的生存压力过大,沦为房奴、车奴,却不知道该如何成为生活的主人。亚健康、轻忧郁成了生活的常态,焦虑和纠结也无法摆脱。在这样的情况下,要想快乐不是件容易的事,首先要降低欲望,学会知足,其次要学会减压。如果要想让父母快乐,自己就要先成为一个快乐的人。父母有健康快乐的我们陪伴,才会延年益寿,安度晚年。所以,我们要努力做一个快乐的人,把我们最快乐的一面展现给父母。

　　下面这个故事会让我们对此有更深的理解。

　　人老了都爱啰唆,说来说去都是些家长里短的小事,因此很少有年轻人听得进去。张顺也是如此,通常是左耳朵进右耳朵出,很少将父亲的话放在心上。上个月,父亲从活动中心回来,一脸高兴地向他描述他对棋友的"战绩"。他一猜就知道父亲今天肯定是多赢了几盘,就没接话也没打岔,顶多点头嗯嗯两声。父亲见他这样的反应,说到一半,觉得没意思,扔下一句:"唉,总是这样。"然后悻悻地走了。

不仅张顺，他的同事小梅也是如此。因为做家务小梅和母亲拌了两句嘴，老人想不开竟吃了药，幸好发现及时抢救了过来。小梅去医院看望老人时，在医院工作的王姐把小梅教训了一顿。王姐说，老人嘛，干啥肯定迟缓，说话啰唆，这时你就要耐心点儿，别催促，老人不可能像年轻人手脚那么利落，等咱们老了也是那样。最重要的是，别摆出一副臭脸色，而是应该将快乐的笑容给父母！

有时候，很简单的事我们却很难做到，比如随时都给父母好脸色，随时给父母一句好听的话。这些不需要花钱去买，也不用四处去借，更不用去学，可惜我们很多人却做不到。我们在外面是绅士，是淑女，可回到家里，个个都很酷，个个都是"大爷"。

我们想当然地认为买房子、请保姆、吃大餐就是孝顺父母，其实，这些都是低层面的"孝"，真正的"孝"应该是对父母精神上的敬重和感情上的慰藉。真心爱父母，就别动辄摆一张苦瓜脸，哼哈地应付他们，我们应该给他们一张和颜悦色的笑脸，让他们真切地感受到快乐和幸福。

不要漠视我们最亲近的人，不要把父母当做我们坏情绪的宣泄口，更不要把他们的失落当做无关紧要的事。如果是自己情绪不好，那么转移一下注意力，多做几个深呼吸，离开一会儿，甚至用冷水洗洗脸……要知道，在发怒的情况下，我们最容易失去理智，最容易说出过激的话，别让"语言暴力"伤害了父母的心。把父母的快乐当成我们每天必做的功课，让自己的快乐成为父母每天最好的礼物！

陪伴是对父母最好的回报

当我们走出校门,走向社会,拥有了自己的朋友和独立的生活,这时候你一定会兴奋地大喊一声:"终于不用被老爸老妈管了!"是的,父母的爱太重了,重的有时让我们喘不过气来。

所以,当我们稍稍长大的时候,就认为可以不再依靠父母,然后潇洒地有家不归,沉浸在自己的世界里。"自由"成为孝顺父母的天敌,你的工作重要,你的朋友重要,你的吃喝玩乐重要,唯独父母被你遗忘。现实中,这样的人不在少数,甚至在 80 后、90 后身上,这种行为也愈演愈烈。有的时候,我们会这样安慰自己:"将来我会好好陪父母的!"殊不知,我们的将来越来越少。父母在家里每天都盼着你回来,又每天在失望中度过。

"我终于考上大学了!"经过了十几年的寒窗苦读,终于考上了梦寐以求的大学,刘春红像被放飞的鸽子,恨不得飞起来。这下子,再也不用因为父母的管束而必须在晚上 10 点前睡觉了,再也不用碍于父母的面子而压抑自己各种各样的欲望,终于可以无拘无束地享受自己的快乐了!

刚进大学校门,因为是陌生的环境,和同学也还比较陌生,刘春红还是很想念父母的,几乎每天都要和父母通一次电话。可是到了第二个月,刘春红因为社团的精彩活动,逐渐不再和父母打电话;第三个月,刘春红因为忙着交朋友而忘记了回家看看父母;第四个月,刘春红因为准备考试忘记了给父母写信。刘春红觉得,这代表自己长大了,不再依赖父母了。

即便放假,刘春红也很少待在家里。寒假了,刘春红忙着拜访老同学;暑假了,刘春红和同学去旅游。第二年,刘春红去外地打工;第三年,刘春红忙着谈恋爱;第四年,刘春红准备研究生考试;第五年,刘春红如愿考上了研究生,但是需要整天和导师一起考察、研究……总之,她逐渐远离了父母的视线。她却不知道,她走到哪里,父母的牵挂就到哪里。

有时,刘春红也为自己的行为感到内疚,但同时她又安慰自己:"现在是打基础的时候,不能马虎,等我工作了,一定好好陪陪爸妈。"

可走入职场的刘春红并没有兑现她的诺言,她变得更加忙碌:她必须要认真工作,她必须要努力充电,她必须要扩大交际,因为职场竞争远比她想象的更加惨烈。不仅如此,她还失去了暑假和寒假,回家给妈妈做做饭,给爸爸捶捶背成了奢望。

接下来,刘春红恋爱了,整天和男朋友在一起;后来,刘春红结婚了,老公和孩子的事忙不完。刘春红的生活永远都安排得满满的,想挤出点儿时间回家看看父母竟那么难。

她却不知道,每个周末,每个佳节,父母总会做好可口的饭菜等着他们回来,一遍遍翻看着她从小到大的照片,以此来慰藉对女儿的思念。

在刘春红的身上,我们是否看到了自己的影子? 其实我们的心里明白,"忙"只是借口,只是你自私的借口,是你忘了父母的借口。也许我们并没有这么想,但是却这么做了。

想念是虚无的,只有你真正落实于行动,想念才能被称为想念,爱才是实实在在的真爱。陪他们吃顿饭,陪他们看会儿电视,陪他们散散步,陪他们唠唠嗑。父母需要的不就是这些吗?

聪明的现代人都会算账,但有一笔账您算过吗?那就是"亲情账"。

有个网友这么说:他其实也是一个很孝顺的人。但总觉得孝敬爸妈的机会还很多,回乡的时候只顾着跟同学、朋友疯玩。这次回到他们身边,听爸妈说起小时候很喜欢他的几位长辈都相继去世,一时心中怅然若失。这才惊觉,以后和父母相聚的时间,竟然可以用多少次来计算了!假如爸妈再活20年,跟他们在一起最多就30次;假如他们只能再活10年,跟他们

见面的机会就只有十来次了！

"上一次和父母吃饭是什么时候了，上一次陪父母谈心是什么时候了？"他将亲情账单"晒"在网上之后，引起了无数人的共鸣，也引起了无数人的反思：我们的学业、事业就真的那么重要？

"亲情账"让这位网友对以前的做法有了悔意。为了补偿父母，这位愕然惊醒的"孝子"给父母发出了"命令"：他在家的时候，饭菜必须由他做，父母的衣服也必须留给他洗。父母听了都很开心。于是，他每天都早起，买来新鲜的蔬菜、鱼肉等，不理会父母"太铺张"的"埋怨"，炒了满满一桌子菜，用心做好每一顿饭。晚上，和爸爸妈妈围坐在沙发上，一边嗑着瓜子喝着茶，一边聊着家常。

"一帖惊起千层浪"，众多的网友也开始重新审视自己的感情和生活。他们纷纷效仿那位网友的做法，常回家看看，常陪陪父母。

也许你的事业成功，可以用丰厚的物质来回报父母，觉得这样才能让父母脸上增光，只有这样才能表达我们真挚的情感。但事实上，父母更需要的是我们的陪伴、关心和理解。

父母关怀我们、造就我们，无非是希望我们获得更多，希望在这复杂的社会竞争中获得胜利。父母的良苦用心却常常被我们忽视。父母也需要倾诉和交流，需要和自己的孩子们共享天伦之乐。

常回家看看，其实用不了我们太多时间。中午吃饭，傍晚下班，来回用不了多长时间，但温暖了父母，也让自己坦然。多陪陪他们，一份真情赢得父母更多的关爱；多陪陪他们，点滴孝心也教会子女做人的道理；多陪陪他们，最终受益的将是我们自己！把最宝贵的时间留给父母才是对父母最好的报答！

第四课
找到你的优势，
找到可以让你发挥优势的所在

林书豪不是迈克尔·乔丹或者科比·布莱恩特，他不是纯正的得分手。林书豪也不是斯蒂夫·纳什或者克里斯·保罗，他也不是纯正的传球手。林书豪的风格介于两者之间，既能依靠个人能力得分，也能依靠大局观串联球队送出助攻。林书豪很清楚自己的优势，而纽约尼克斯队正是一个能让他发挥优势的所在。

问问自己，究竟想要什么

现在的年轻人都很现实，甚至现实得可怕。这是因为他们从小就被告知社会是多么残酷，竞争是多么激烈，大学有多么难考，大学毕业之后工作又是多么难找。结果，很多年轻人就这样被扼杀了梦想，因为在他们看来，所谓梦想就是荒诞的想法和不可能实现的幻想罢了，这些不切实际的幻想又不能当钱花，又不能当饭吃，根本就是百无一用。

但实际上，梦想是一个人成功的动力。正所谓"心有多大，舞台就有多大"，你的梦想有多远，你在成功之路上才有可能走多远。在充分发挥自己的优势，走上成功之路之前，我们不妨先问问自己，我究竟想要什么？我正在走的路，正在追逐的成功是我真正想要的东西吗？如果不是，那么这样的成功又什么有意义呢？理清了，解答了这些问题，我们才能轻装上阵，义无反顾地发挥自己的优势，去追逐属于自己的成功。

林书豪是一个坚持梦想的人，由于受到了作为篮球迷的父亲的熏陶，林书豪从小就梦想着成为一名 NBA 的职业球员。从得知了自己想要达到的目标开始，直到取得如今的成功，林书豪跌倒过，走过弯路，却从来都没想过放弃，没想过要走回头路。

林书豪的篮球之路走得艰难无比。因为华裔的身份，总有些同学用另类的眼光看待他，在球场上，总有些令他难以容忍的嘲讽扑面而来，有人让他滚回中国，有人则奚落他的细长眼睛（黄种人的面部特征之一）根本看不清篮筐……有时候，一些无意中造成的伤害，反而更加伤人。林书豪第一次随队去旧金山参加地区比赛时，就在走向球馆更衣室时被工作人员拦住了："对不起先生，今晚这里举行的不是排球比赛，是篮球比赛。"

林书豪没想过放弃，而是用自己的实际行动做出了回应。读高四那年，他在当季交出了场均 15 分 6 个篮板 7 次助攻 5 记抢断的超华丽数据单，率领帕洛阿尔托高中取得了 33 战 32 胜的惊人战绩，并在加利福尼亚州校际联盟比赛中过关斩将杀入决赛。那些曾经嘲讽林书豪的人，开始对这个黄皮肤黑眼睛的小个子刮目相看，进而佩服得五体投地。

前 NBA 球员雷克斯·沃尔特斯直言道："就因为林是亚裔球员，人们都会先入为主对他抱有一些偏见。这种惯性的看法并不少见，比如说如果是一名白人球员，他要么是个射术精湛的神投手，要么是个性格偏执的暴脾气。如果他有亚洲血统，那他一定更擅长数学而不是篮球……林书豪是那种在一场比赛的分分秒秒里基本都能做出正确选择的球员，但这个优点需要你花很长时间才能发现，这就是大学招生不可避免的缺陷。而如果一名球员的名字没有出现在球探给出的招生名册前 100 名里，很遗憾，教练基本不可能招他。"

林书豪在大学入学时就遇到了这样的困难。林书豪曾说过："斯坦福大学就在我就读的高中旁边，斯坦福的许多球员都是我的偶像，我曾经无比期待自己能在未来某一天成为那支球队的一分子。"生于加州长在加州的他，非常希望能为家乡的某所大学效力，斯坦福大学自然是首选，但现实却是无比残酷。时至今日，林书豪依然记得自己是怎样被那些大学一一婉拒的："UCLA（加利福尼亚大学洛杉矶分校）的回复是，对我没有丝毫兴趣；斯坦福大学的反应是，基本不可能；而加州大学伯克利分校的教练在看过我的录像后，依然叫不准我的姓氏'Lin'……"

最终，没有获得任何来自 NCAA 一级联盟大学奖学金的林书豪，接受了名头虽大但篮球实力平平的哈佛大学的邀请。因为常青藤联盟的所有学校都不给运动员提供奖学金，所以林书豪必须自己支付高昂的学费。但哈佛大学隶属于 NCAA 一级联盟，加盟后可以打上美国最高水平的大

学比赛。

　　林书豪就是这样在逆境中一步步向着自己想要的东西——自己的篮球梦行进的。事实上，追求梦想，就是追求梦想所包含的全部价值的过程。美国著名的黑人民权领袖马丁·路德金就是用他那篇《我有一个梦想》的伟大演讲震撼了美国和全世界，终于为美国黑人喊出了自由和平；海伦·凯勒的一篇《假如给我三天光明》表达了一个盲人希望用自己的双眼看一看这个美好世界的梦想，使得多少人从此无比珍惜身边的一草一木、一丝白云和一缕阳光。

　　林书豪无疑也用自己的实际行动印证了这一点，他深刻地知道自己想要什么，什么样的成功才是适合自己的真正的成功。正如雷克斯·沃尔特斯所说的那样，很少有人能够真正发现林书豪在篮球上的优势，但林书豪却从来没有放弃过自己的梦想，而这，正是一个成功的人所必备的素质。

　　一位企业领导者说过这样的话："当你对自己的生活不满意时，那么，这种生活就不是你自己的需要，虽然你现在所从事的工作使你应有尽有，但你自己所做的并不是你想要的。"

　　诚然，成功、快乐、幸福的人生，是从认清自己开始的。当认清自己以后才能更好地决定自己的目标，知道自己想要什么，才能迈着前进的步伐为实现这个目标去努力。一个人活着就是为了走到最前方，但是前方的路需要你用心灵之眼观看，如果你不清楚自己要走什么路，不明白自己的需要，那么很可能做出和自己的需要完全相反的选择，最后你只会离你的目标越来越远。

　　我们每个人都有自己的本质和需要，你必须根据自己的本质和需要，选择自己能完成的目标。用自己的双脚，踏出光明的前程，用自己的双手创造未来的辉煌，这就是成功的人生。

每个人都有自己的优势

伟人爱因斯坦小时候学习成绩很一般。他的希腊文和拉丁文老师很不喜欢他,曾经骂他:"爱因斯坦,你长大后肯定不会成器。"老师怕他在课堂上影响别的学生,就把他赶出了校门。但他对数学、几何和物理方面有着浓厚的兴趣,凭借这些方面的优势,他最终成为了伟大的物理学家。

爱因斯坦的故事告诉我们,每个人都有自己的优势,我们要懂得发挥自己的优势,选择属于自己的人生路。也许这条路不是最好的,却是最适合我们的,这样我们的人生道路上才会洒满阳光。

有一句话说得好:天才是放对位置的人。多元智能大师迦德纳博士也说过:"人人都有其优势智能,而这优势智能有待被唤醒,看见自己的天才,是敲开生命宝藏的一块砖石。"林书豪就是利用自己的身高和睿智的临场指挥能力主控后卫,在球场上运用自如地发挥着自身的优势。就是说,每个人都有自己的优势,一旦在好适当时机利用好了,那么我们就会如鱼得水。

有一个小男孩,因为家境贫寒,总是吃不饱,人长得很瘦弱,经常被邻居家的孩子欺负。于是他决定去学习武功,要打败那些欺负过他的人。可是由于身体瘦弱,没有师傅肯收留他。小男孩很失望,他想:"难道我就注定一辈子要被别人欺负吗?"他甚至有了轻生的想法。就在小男孩非常痛苦的时候,一位眼睛看不见的师傅找到了他,说愿意收小男孩做自己的弟子。

小男孩特别高兴,可是这个师傅毕竟是个盲人,他多少有些失望。不

过他又一想:"如果他看见我长得这么瘦小一定也不会教我武功的,不管这么多了,既然他看不见那我就不和他说了。"这样一想,小男孩就放宽心了。

小男孩开始每天跟随师父学习武术,可是很奇怪,师傅并不教他搏斗的技术,而是每天只让他跑来跑去,或者是锻炼腿脚。小男孩很不理解,心想:"这位师傅不会武功吧?他怎么每天只教给我这些呀?"

过了3个月,师傅让小男孩还练这些。他终于忍不住了:"您每天都让我做这些,为什么不教我一些其他的功夫呢?你每天只让我练习这些,我肯定打不败那些欺负我的人。"师傅笑了笑说:"那可不一定呀,要不你去试试看。"小男孩根本就不相信自己会成功,他没敢去找那些欺负过他的人。

可是有一天在回家的路上他却遇到了那群坏孩子,小男孩正想逃跑却被拦了下来。当这些孩子打他的时候,他便用灵活的步伐躲闪着,他惊奇地发现自己移动的速度非常快,那些坏孩子根本就没有办法接近自己,这时他才明白师傅的用意。

第二天,他把打架的事情告诉了师傅。师傅对小男孩说:"你的身体比较瘦小,我是根据你自身的优势教给你这样的功夫。"小男孩这才明白,原来师傅早就已经知道自己身体瘦小的事情了,师傅所做的一切真是煞费苦心。这个盲人师傅是在发掘小男孩的优势来教他武功啊!

这个小男孩的例子告诉我们,其实每个人都有自己的优势,如果我们把它挖掘出来,好好利用,就会取得意想不到的成就。在我们的生活和工作当中,我们只有学会规避自己的缺点,发挥自己的优点,才会真正地提高自己,使自己处于一个不败的境地。所以,相信自己吧,你并没有自己想象中的那么差劲。

据美国社会学专家研究,每个人的智商、天赋都是均衡的。即每一个人都会在拥有优势的同时具备劣势。那些成功人士并不是全才,而是他们懂得发挥自己的优势、规避劣势。我们要看清自己的优势，了解自己的长处，将自己的价值展现出来，这样才会取得属于自己的成功。

香港"湾仔码头"品牌的速冻饺子非常受欢迎。尤其是近些年，"湾仔码头"牢牢占据了速冻饺子市场的半壁江山，可谓其中的明星品牌。而其创始人臧健和女士，则是在优势行业创造财富的典型代表。

臧健和女士是山东人，作为北方人的她包饺子十分在行。年轻时，她辗转来到了香港，开始了创业之路。一开始，她进行过股票、房地产等投资，但都失败了。

后来，她想到了自己包饺子的技术，就想着把它当做自己终生的事业来发展。她想：自己对别的行业都不熟悉，可是包饺子却非常熟练，这不就是自己的优势吗？优势利用好了就是机遇啊！

下定决心后，臧健和女士就开始了包饺子的事业。第一天卖饺子，她的心情忐忑不安。当时有几个打网球的年轻人，循着热气四溢的香味走了过来。他们说，从来没有见过"北方水饺"，想尝一尝。臧健和女士恭恭敬敬地把水饺端给他们，然后盯着他们的表情。没想到几个年轻人异口同声地说好吃，每个人又都吃了第二碗。

就这样，臧健和女士的事业顺利开张了。不过时间一长，问题也来了。有一次，她在码头卖水饺，发现一位顾客吃完水饺后，把饺子皮留在了碗里，她忍不住上前询问。那个顾客毫不客气地告诉她说："你的饺子皮厚得像棉被一样，让人怎么下得了口！"

的确，北方饺子皮厚、味浓、馅咸、肥腻的特点，并不适应香港人的饮食习惯。于是，她针对香港人的口味，不断地加以改进，最后制作出了让香港人称赞的水饺。

慢慢地，臧健和的事业发展壮大了，创立了"湾仔码头"的品牌，成为华人地区销量名列前茅的饺子品牌。在事业成功后，她不禁感慨地说："在我刚到香港的时候，好多人都劝过我做其他生意，可我说我就会包饺子。

现在回头再看,我的选择是正确的,这个行业我非常熟悉,无论调馅还是擀皮,这都是我所精通的,这是我成功的关键。"

不管是从事何种职业的人,都必须认识自己的潜能,确定最适合自己的发展方向,否则很可能埋没了自己的才能,最终一事无成。俗话说:"女怕嫁错郎,男怕选错行。"只有找准自己的位置,你的才能才会最大限度地爆发。

每个人都有自己的优势,因为人的兴趣、才能、素质等都是因人而异的。只有找到了自己的优势,你才会在相应的行业内做得得心应手,最终获得成功。

正视自己的不足

孔子曰:"三人行,必有我师焉。"意思是说,一个人要敢于正视自己的不足,虚心向周围的人学习,取长补短,这样才会不断地进步。这样才能帮助自己认识错误并改正它,然后不断地进步,不断地完善自己。

当然,正视自己的不足需要有勇气,需要有一颗平常心,心态好了自然也就理解了什么是"正视",而不是一意孤行地去坚持错的东西。

1995年,互联网事业发展迅猛。面对互联网的诱惑与挑战,微软公司的一位董事曾就公司的策略问题征询比尔·盖茨的意见:"我们为什么不多做些与互联网相关的工作呢?"而比尔·盖茨却说:"这是一个多么愚蠢的建议呀!互联网上的所有东西都是免费的,没有人能赚到钱。"事实上,在当时那个互联网方兴未艾的时期,比尔·盖茨的这个想法是错误的。

针对比尔·盖茨的决定,许多人都提出了反对的意见。当他发现自己的意见并没有得到大多数人的赞同后,便花了大量的时间来研究实际形势,来找自己到底哪里错了。发现自己的错误后,他及时地调整了策略。他将许多优秀的员工调到了互联网部门,也因此取消和削减了许多与互联网无关的产品。由于公司的方向得到了及时的调整,所以他们取得了成功,微软公司很快又成为互联网领域的领跑者。

如果当时比尔·盖茨不正视自己的错误和自己公司在互联网方面的不足的话,那么现在的微软公司可能又是另外一个样子了。

大名鼎鼎的微软强人比尔·盖茨都能做到正视自己的不足并改正,相信我们也可以。伟人之所以能成为伟人,必有他的过人之处,虚心接受别人的意见,正视自己的不足并加以改正也是过人之处之一。

朱张金是温州商界乃至全国商界大名鼎鼎的人物。可是,有谁知道现在身为卡森国际控股有限公司董事长的他,当年只是个"半文盲"。

朱张金在年轻时,因为知识水平有限,曾多次吃亏上当。在当初去俄罗斯时,他也只学了10个俄语单词——一、二、三、四、五、好、不好、多少钱、行、没问题。后来他到欧美做生意,也感觉语言不通,做生意就像聋子、瞎子一样困难。

1999年冬天,朱张金因为外语水平不行,又吃了一次亏。当时,他到美国参加一个皮革展,一个加拿大商人向他推销landcows(死牛皮),40美元/张,朱张金听了心中窃喜,他想这landcows怎么跟deadcows一样便宜呢?(按朱张金的理解,死牛皮应是deadcows,而没听说过的landcows则一定是好皮。)他兴冲冲地从美国飞到加拿大看货,结果大失所望,但因为死牛皮就叫landcows而不叫deadcows,老外没有骗人。一字之差,让朱张金跑了很多冤枉路,花了很多冤枉钱。

经过这件事,朱张金开始反省自己,认识到了知识的重要性。从这以后,他下定决心苦学英语,上学校、请老师,誓要改变这一局面。几年过后,朱张金的英语水平迅速提升。如今,只有初中文化的朱张金,已能用一口

流利的英语自如地给老外介绍卡森的产品了。难怪朱张金的名字会在温州商界乃至全国都大名鼎鼎呢!

从表面上看,朱张金学习外语占用了工作时间,请老师也花费了资金,好像与"经济至上"的理论相违背。但是从长远上看,朱张金获得的利益更加丰厚,这正是知识带来的好处。要是朱张金不知道反省自己的这个缺点,那么他必然会栽更多的跟头,花更多不必要的"学费"。这就是正视自己,并及时改正错误的好处。

失业的凯斯特一连应聘几家公司都没有收到回音,这让他很苦恼。

晚上,他在自己简陋的小屋里想:自己原本有 4 个邻居,其中两个现在已经搬到高级公寓去了,另外两位则成了他原来所在公司的老板。他扪心自问:和这 4 个人相比,自己的生活条件和工作单位是比他们差,但除此之外自己还有什么地方不如他们?聪明才智吗?说实话,他们实在也没有什么比自己优秀的地方。

经过很长时间冷静地自我反省,他突然悟出了症结——自我性格和情绪的缺陷。在这方面,他不得不承认自己比他们差一大截。

想到这里,他的头脑出奇的清醒。站在镜子前,他觉得自己第一次看清了自己,发现了自身存在的种种缺点:爱冲动、妄自菲薄、不思进取、得过且过,不能平等地与人交往,等等。这一夜,他开始自我检讨。然后,凯斯特痛下决心,从现在起,一定要痛改前非,做个自信、乐观的人。一周之后,他满怀自信地又去面试,结果顺利地被录用了。在他看来,自己之所以能得到那份工作,与之前的认真反省有关。

凭着自己的努力,凯斯特在一年的时间里,就得到了大家的认可。有一段日子,公司经济状况很不景气,很多员工情绪都颇不稳定。而这时,已经是中流砥柱的凯斯特丝毫没有动摇,他力挽狂澜,让公司渡过了难关。

鉴于凯斯特在危难时期作出的贡献,公司不仅给了他丰厚的薪水,而且还分给了他可观的股份,以资鼓励。就这样,凯斯特用自己的反省和努力改写了自己的人生。

这个例子告诉我们，你的思想并不能造就出每一次的成功，更重要的是能够客观地自我反省，不断完善自己。只有这样，才能在复杂形势中把控格局，在实现自己梦想的道路上不断前进。正视自己，就是在充实自己，就是在前进的道路上为自己呐喊助威。

我们要记得"金无足赤，人无完人"这句话，世界上没有完美的人，有缺点并不可怕，可怕的是不能正视自己的缺点，不能改正自己的缺点。勇于正视自己的不足，是一个人改正缺点、走向成熟的开始。

如果我们能够随着自身所处的环境而及时地进行自我反省，并努力地寻找出一切解决问题的方法，从中悟到失败的教训和不足的根源，并能尽力地去改变，那么我们就能够巧妙运用能力与思想，直至成为获得成功的智者。常言道：智者无敌。正视自己之后，我们又怎么会惧怕失败呢？

没有人比你自己更了解你

我们一直都在苦恼：自己迷茫时谁才是最了解自己的人。去发现自我吧，因为没有人比你自己更了解你。

在生活当中，我们会发现：一个人如何看待自己与其自信心的强弱有关，自信心强的人能较客观地看待自己的潜力，而自卑的人则会对自己有所贬低。多数情况下，一个人如果觉得自己是个乐观向上的人，就会表现得乐观向上；如果觉得自己是个内向而迟钝的人，那很可能就会表现得内向、迟钝。

这一切都告诉我们：只要看清自己，那么一切都可以改变。认识自己、

看清自己的优点与缺点，无论对取得事业上还是生活中的成功都会起到至关重要的作用。

意大利著名影星索菲娅·罗兰在半个世纪以来出演了 70 多部影片，她用自己动人的风采、卓越的演技给人们留下了深刻的印象。她的美不是静止的，不是平面的，而是以一种最最浓烈的方式留给了电影。在 1961 年，她获得了奥斯卡最佳女演员奖。很多著名导演都由衷地说，与索菲娅·罗兰的美丽相比，奥斯卡简直不值一提。

然而，她的从影之路并不是一帆风顺的。

索菲娅·罗兰 16 岁来到罗马，想成为一名演员。但是很多人都劝她放弃，因为当时人们形容她的个子太高，臀部太宽，鼻子太长，嘴太大，下巴太小，根本不像一般的电影演员，更不像是意大利式的演员。

尽管制片商卡洛看中了她，并带她多次试镜，但摄影师们依旧充满抱怨。因为她的鼻子太长、臀部太"发达"。于是，卡洛对索菲娅说："如果你真想干这一行，就得把鼻子和臀部'动一动'。"

但索菲娅·罗兰断然拒绝了卡洛的要求，尽管她很想从事这一行。她说："我就是我，为什么非得要长得和别人一样，鼻子是脸庞的中心，它赋予了脸庞以性格，我喜欢我的鼻子和脸保持它原来的样子。至于我的臀部，那也是我身体的一部分，我想要保持原状。"

索菲娅·罗兰不愿意受别人的影响而放弃自己的理想，她决心不依靠美貌而是依靠内在的气质和精湛的演技来征服大家。最终，她成功了！那些关于"鼻子"、"嘴巴"、"臀部"等的非议也消失了，这些特征反倒成了美女的新标准。在 20 世纪末，索菲娅·罗兰还被评为本世纪"最美丽的女性"之一。

索菲娅·罗兰在她后来的自传《爱情和生活》中写道："自从开始从事影视，我就一直在做我自己，我知道什么样的化妆、发型、衣服和保健最适合我。我谁也不模仿。我从不去奴隶似的跟着时尚走。"这就是说，没有人比索菲娅·罗兰更了解她自己,她清楚地知道什么才是自己的优势,并且好好运用它们,而不是盲目地听从别人的意见。

有位名人曾说过:"当你认识清楚自己后,如果你能扬长避短,认准目标,抓紧时间把一件工作或一门学问刻苦认真地做下去,久而久之,自然会结出丰硕的果实。"但并不是每一个人都能够做到正确地认识自己。人们往往是在付出许多的努力和艰辛之后,才开始认清自己。

为了比较客观地认识自己,我们还需要把别人对自身的评价与自己对自己的评价进行对比,在实际生活中反复衡量,慢慢地我们才会在认识自己方面取得好的收获。

董鹏是学美术的,毕业后被分配到一家装饰公司做美术设计员。他每日的工作不过是画画图纸、到工地测量、做出相应方案而已。他轻车熟路,干得得心应手,经常受到上司和同事的好评。但是干了一年,他嫌薪金少,毅然辞职,自己开了一家美工装饰部。开业才几日,他就承接了一笔10多万元的装潢业务。他组织了十来个人,夜以继日地干了起来。一个月后,装潢工程干完了,但是由于不懂装饰,他不仅分文未赚,反而还蚀了两万多元的本钱。

这是一个在认识自我方面的反例,装潢业务的利润是很高,而且董鹏在画画方面也是内行,但画画与搞装潢完全是两回事。同样一种生意,同样的条件,懂行的做会赚钱,而外行做则可能会赔钱。再看看下一个例子。

在广告公司打工几年的付先生与郑小姐都是设计专业出身,他们想自主创业。于是,他们一起开办了一家设计工作室,一来是因为自己就是搞这个专业的,二来是手续简便,正规点儿到工商局登记就可以了,实际上,有些工作室根本不用办任何手续,也没有办公场地的费用支出,在家"生产"即可。最重要的一点,是因为在这几年工作中,他们对设计行业的流程已经完全了解了,而且手头还有一批客户,所以他们才敢开始创业。

开始,他们主动与出版社、印刷厂、学校等机构联系,由于工作室除了

设计用的纸张和油墨外几乎没有其他成本，因而服务价格相当具有竞争力，再加上他们多年的设计经验，无论手绘和电脑设计都让客户比较满意。慢慢地，他们的业务越做越大，才几年他们就已经买了自己的房子和汽车。

我们每个人都有着属于自己的使命，当我们清楚地认识到自己的使命时，我们才能生活的快乐、幸福。有人适合做将军，有人适合当士兵。如果适合做士兵的人以做将军为人生目标，那么想做将军的想法只会使他一生痛苦不堪，受尽挫折。所以，首先认清自己才是我们做事情的关键。如果不是对自己有充分的了解，相信林书豪也不会选择打篮球。

认识自己是一件很难的事，但同时也是一件很幸福的事，因为它会给你的人生带来很多收获。认识自己，并非只是那些天才才能拥有的能力，我们周围有许多平凡的人物，他们同样可以很好地认识自我做自己喜欢的事，活得自在，活得快乐，这也是一种成功。一个人在某些方面不行，并不代表他在其他方面也不行。所以，只有充分认识了自己，做到"没有人比你更了解你自己"，最终才知道你到底行不行！

不同的定位决定不同的人生轨迹

在本节的开头，我们先看关于胡适的一则故事：

那一年，胡适考取了官费留学。在出国前，哥哥为他送行时告诉他，家道中落，希望他通过学习开矿或造铁路这些比较好找工作的学科来重整门楣，千万不要学没有用的文学或者哲学。胡适当时答应了哥哥。可开船后，胡适却想，自己对开矿没兴趣，对造铁路更是一窍不通，干脆采取一个折中的办法，学有用的农学吧，也许将来对国家、对社会有些贡献。于是，他学了一年农学。虽然学得不错，但这些也不是他的兴趣所在，因此他决定转系重新选课。可他又为难了，怎么选课呢？听哥哥的话？看国家的需要？还是凭自己的爱好？最终他以自己的兴趣为定位选择了文学和哲学，成为了中国有名的文人。

如果胡适当初违心地听了哥哥的话，选择了自己不喜欢但却容易找到工作的开矿或铁路专业，那么中国就少了一位文学家和哲学家，而他也可能就此终生默默无闻了。

这也就是说，在某种程度上，一个人成功与否取决于自己的定位是否正确。我们在心目中把自己定位成什么样的人，最终就有可能成为心目中所想象的那个人。定位不仅能决定人生，也能改变人生。

定位是一种对自身扮演角色的认知。作为一个演员首先要有良好的表演和把握角色的天赋，同时需要充分理解角色的故事经历和性格特征，这是演员对角色的定位。而我们自己也应该有相应的社会角色定位，在了解自己个性特色的前提下，把自己放在应该放置的位子上。

对于我们每个人而言，最重要的是要认清自身价值。如果你是一颗螺丝钉，那么就要尽力找准自己的位置。螺丝钉虽然小，却可以影响机器的运转，但如果螺丝钉愣要充轴承或是其他什么重要部件，那它就会成为垃圾。所以，当你发现自身的定位出现了问题，就要及时纠正。也许正是这一次的改变，让你的人生出现了不一样的轨迹。这也是找准定位，各司其职，发挥巨大作用的道理。

一个美国男孩家里非常贫困。为了缓解家庭的经济困难，在小学时他就一边打工一边上学，曾在西雅图滨水区卖报和擦皮鞋。高中毕业后，他正式进入社会，成为一名流动工人。

但是，这个男孩经常让家里人担心，因为，他的同伴都是所谓的"边缘人物"：叛军、逃亡者、走私犯、盗窃犯……后来，他还加入了墨西哥潘穹·

维拉的武装组织。他,就是大名鼎鼎的查理·华德。

在这样的环境下,查理的品行自然好不到哪儿去。他时常在赌场中赢得大把的钱,然后又输得精光。最后,他因为走私麻醉药物被警察逮捕,最终受审判刑。在刚刚进入莱文沃斯监狱服刑期间,查理遭受了不少磨难,他觉得监狱关不住他,一直想找机会越狱,并且还想报复审判他的法官。

但是就在天天想着逃走的时候,查理的思想又突然变了。他仿佛听到,在自己的心中,有这样一个声音正在无数遍地叮嘱自己:要停止敌对行动,变成这所监狱中最好的囚犯。一瞬间,查理感到自己的心态出现了前所未有的变化,生命浪潮流向对他最有利的方向。他改变了好斗的性格,也不再憎恨给他判刑的法官,决心避免将来重新犯下这种罪恶。他总是找一些让自己快乐的事做,以使自己熬过接下来的狱中生活。

查理开始做一些有意义的事。他没事就向自己提几个问题,然后在书中找到这些问题的答案。书籍为他打开了另一扇门,让他更加意识到过去的行为是何等幼稚。此后,他把看书当成了生活的一部分。直到73岁逝世时,他依旧每天读书,以便在书中获得激励、指导和帮助自己的东西。

查理的这些变化,让狱吏很喜欢。有一天,一个刑事书记告诉他,一个原先在电力厂工作的受优待的囚犯将要获释,并问他是否有能力接任这一岗位。查理的电工知识很少,可他不想放弃这个机会,于是他在监狱图书馆借了不少书籍,并在那位懂得电学的囚犯帮助下,很快掌握了这门知识。不久,查理申请在狱中工作了。

在电力厂,查理不断地努力学习,最终成了监狱电力厂的主管,领导100多人。他还鼓励每个人,把自己的境遇改进到最佳状态。

时隔几年,布朗比基罗公司的经理比基罗因为逃税被关进了莱文沃斯监狱。他的刑期不长,但他却对未来感到很失望。这时候,查理向他伸出了援助之手,他激励比基罗设法适应自己的环境。终于,比基罗开始振作起来,重新积极地面对生活。

在出狱前，比基罗对查理说："很感激你对我的帮助，让我度过了一段难忘的时光。你出狱时，请到圣保罗市来。我们将给你安排工作。"

比基罗没有食言，在查理刑满释放后，他立刻为他安排了工作，周薪为 25 美元。查理在两个月之内就成了工头。一年后，查理又成了主管人，最后还当了副会长和总经理。比基罗先生去世后，查理成为了公司的董事长。

在查理的管理下，布朗比基罗公司每年的销售额由不足 300 万美元上升到 5000 万美元以上，成了同类企业中的佼佼者。这个曾经满身污点的"下等人"，成就了一番如此传奇的人生，真是令人佩服。

从这个故事中我们可以看出，查理·华德最后取得成功与他及时调整了心态，用乐观、积极的情绪去认识问题、解决问题有很大的关系。试想，如果在被判刑入狱后，他一直按照过去的方式对待生活，甚至采取了报复法官的行为，那么他的下半生一定会在牢狱中度过。

人生于世，如果对自己的角色没有好的定位，就不会有宏大的目标，更做不成什么大事。比如一个人能成为好的老师，可他非要为了权力去做一个高官，而另一个人明明可以用自己所学的知识，做一个救死扶伤的医生，可他偏偏为了金钱投身商界，这些人都是为了这样或那样的原因而没有找准自己的定位，最后，终将在自己错误的定位上栽跟头！

别把自己看得太高，也别把自己看得太扁

一位名牌大学的学生在某论坛上写道："我经常会感到迷茫，在周围人的意见中，我不知道是该把自己的姿态放低点儿，还是摆的高点。"

这种困惑我们每个人都会有，其实，我们应该根据自己的能力来给自己定位，不能定得太高，也不能定得太低。俗话说："取乎上，得其中；取乎中，得其下。"就是说，一个人把自己的位置定得太高，可能就会感到力不从心；而把自己的位置定得太低，就可能获得不了很大的成功。

一个人如果没有找到自己的位置，无论你是天之骄子，还是满面尘土的打工仔；无论你是才高八斗，还是目不识丁；无论你是大智若愚，还是八面玲珑，都会出现这山望着那山高、好高骛远的状态，终将一事无成。

20世纪美国著名小说家和剧作家布思·塔金顿的作品《伟大的安伯森斯》和《爱丽丝·亚当斯》获得过普利策奖。

声名最鼎的塔金顿盛身上却发生了这样的一件事：

在一个红十字会举办的艺术家作品展览会上，他作为特邀的贵宾参加了展览会，其间，有两个可爱的十六七岁的小女孩来到他面前，虔诚地向他索要签名。为了表现一下自己平易近人的大家风范，他用非常谦逊的口吻问道："亲爱的小家伙，我可以用铅笔给你签名吗？"他知道她们不会拒绝。

他猜得没错，小女孩们很爽快地答应了，并将她们的非常精致漂亮的笔记本递给他。他取出铅笔，潇洒地写了几句鼓励她们的话语，然后签上他的名字。

令人意想不到的是,女孩看过他的签名后却显得有些失望。她们仔细看了看他,并充满疑惑地问道:"你不是罗伯特·查波斯啊?""难道你们不认识我吗?我是布思·塔金顿,《爱丽丝·亚当斯》的作者,两次普利策奖获得者。"他非常自负地解释道。

但小女孩好像对他的解释并不感兴趣,只是充满稚气地说:"对不起,我们认错人了,我们以为你是电视演员罗伯特·查波斯。"女孩们说完毫不犹豫地将签名擦掉了。

听了两个女孩的话,塔金顿感觉很羞惭,从此以后,他不再因自己是名作家而骄傲自负了。

虽然这件事让塔金顿很尴尬,但是却给他的人生上了一堂受益颇深的课——即使他是两次普利策奖的获得者,可小女孩喜欢的是那个极为普通的电视演员罗伯特·查波斯,不是他塔金顿。这让他明白,一个人无论取得了怎样的成就都不要把自己看得太高。

对于我们年轻人也一样,尤其是刚从大学出来的年轻人,我们总觉得自己读了很多书,见识很广,于是,在做事的时候我们就有点儿飘飘然,做任何事情都只是追求最高、最大、最好、得到最多的回报,久而久之,我们对自己目前的获取也越来越不满意了。当一段时间过去后,我们的梦想越来越远,渐渐地就产生了一种不满情绪。这种高看自己的心理正是成功的绊脚石,一个人一旦有了这种心理,想要获得成功就很困难了。

当然,别把自己看得太高,并不是说就要你把自己看低。世间万物没有十全十美的,有优势就必然有缺陷。世界上最伟大的人物,他们一样有着许多的缺点,但是他们拥有良好的心态,即使自己有缺点,他们依然认为自己很不错。如果你时常否定自己,并设想别人也如此对你,那么就会对自己存在的意义产生模糊意识了,这样你的生活就黯淡失色了。

几年前的蔡琴经历了一生中最难熬的日子,演艺事业陷入低谷,与我国台湾著名导演杨德昌维持了多年的婚姻也宣告了结束。

在那段日子里，她的人生方向也迷失了。一天，有4位朋友结伴来看望她，自然少不了对她进行一番安慰和鼓励。蔡琴摇摇头说："一切都结束了，我再也不可能站起来了，我什么都没有了。"其中一位朋友说："不，你有很多优点，而这些优点正是你重新开始的最好资本。"蔡琴摇着头说："优点？我哪有什么优点？"朋友说："这样，我们把你的优点都罗列出来并写在纸上，好吧？"也不管蔡琴是否同意，他们就找来纸和笔。

于是，4个人开始写蔡琴的优点。写了整整30分钟，加起来总共有225条。朋友们把这225张写着蔡琴优点的小纸条小心翼翼地折叠好，然后让蔡琴找出一个瓶子，把这些纸条全部装进去。

朋友们对蔡琴说："我们不是在恭维你，这些优点是你平常给我们留下的印象。从明天起，每天起床后从瓶子中拿出一张纸条，看看上面写的字，你就会对自己充满自信。"蔡琴觉得这很有意思，就决定试一试。

第二天早晨，起床之后她打开瓶子，拿出一张纸条，然后展开，上面写着两个字："乐观"。下面还有一行小字："蔡琴，加油！"看到这些字，蔡琴的眼睛立刻湿润了，她感受到了来自朋友的关爱，心里暖暖的。那天，已经好长时间没有吃过早餐的她吃了早餐。下一个早晨，蔡琴又从瓶子里拿出了一张纸条，上面写着两个字"聪明"。看完，她笑了，她没有想到，在朋友眼里，自己是个聪明的人。第四天，蔡琴手中的纸条上写着："有歌唱天赋"；第五天，是"进取心强"；第六天……第七天……

看完225张写着朋友对自己评价的纸条，蔡琴开朗了很多，她开始昂着头、自信地走到大街上，她又对自己的未来充满希望了……

蔡琴的力量来源就是那些写满自己优点的225张纸条，那些纸条陪她走过了那段艰难的日子，并使她认识到自己在别人眼中，并不是一个失败的女人。既然自己在别人眼里有这么多优点，为什么不重新振作起来呢？于是，我们看到了现在这个依然在歌坛活跃着的自信满满的蔡琴。

如果一个人觉得自己很美，那么他的那份自信、阳光就会让他看起来是美的。如果他心里总是嘀咕自己是愚笨、无能的，那么他就会变得无足轻重，毫无用处。人的成与败、荣与辱都存乎你的心灵，如果你真的关爱自己，那么就下定决心从现在起开心地接纳自己。你不需要把自己看得太低，同样，你也不要把自己看得太高。只要我们用一颗平常心去面对自己所经历的事，心中充满阳光，就不会使自己陷于低谷。

给自己一个奋斗的目标

奥巴马有一句经典名言："我一开始就知道，成为总统是我毕生的梦想。"这就是奥巴马给自己定的奋斗目标。

在奥巴马看来，梦想是不可以随便丢掉的，他会把梦想捆绑在身上，一刻也不与它分开。梦想对于他就像吃饭、睡觉一样重要，没有它的指引，所有事情都会没有目标和方向。同时，一个人有了奋斗目标，还可以提醒自己不要走错路、走弯路，而要将全部精力放到这个目标上。正如林书豪在大学时期就把打好篮球定为自己的目标一样，有了这个明确的目标并不断努力，他才顺利地进入了 NBA。

作为年轻人，我们要懂得这样一个道理：无论取得的成功是小是大，这就是我们实现人生目标的全过程。不要不当回事，倘若你对人生没有丝毫的追求，那么你就会陷入这样一种生活的恶性循环：早上起床——为了去上班——为了赚取生活费——为了活着——为了明天能起床上班——为了赚取生活费。相信这样的生活，不是我们年轻人喜爱的吧？所以，我们有必要给自己确定一个远大的目标，然后就朝着这个目标去努力，慢慢地你就会发现你的生活是另一个全新的样子了。

美国耶鲁大学有一位教授，他做过这样一个有趣的调查报告：

教授随意选了一个班的学生来进行调查,他首先向这些学生提了一个问题:"你们对未来有具体的理想和规划吗?"有的学生很干脆,马上说出自己将来想做什么;有的学生很茫然,因为他们平时就很少想自己将来会干什么;有的学生则很犹豫,他们似乎有理想,但又说不出是什么。总之,教授得到的回答多种多样。

最终经过统计,教授发现只有10%的学生确认自己有明确的理想。对此教授未作出评论,而是接着提出了一个要求:"既然有具体的志向,那么能否将它写在纸上呢?"那些明确表示自己有理想的学生很快将他们的志向写了下来。然而,据教授的统计,其中只有4%的学生的理想是真正具体、可操作的。

20年后,教授让研究人员追访了当年接受调查的所有学生,看看他们现在都是什么状况。为此,他们几乎跑遍了全世界。不过他们仍然觉得这样做很值得,因为追访的结果显示,当年把自己的人生理想写在纸上的那些人,无论是在事业上还是在生活水平上都远远超出了那些没有写下理想的人。

另外,还有一份附加的统计显示,最明确自己的理想是什么的那4%的学生,现在所掌握的财富,竟然超过了其他96%的人的总和!这个结果让人们很吃惊,这充分证明了确定人生理想对一个人的重要性。

看过这份调查报告,我们应当明白这样一个道理:在同等条件下,不管选择何种人生道路,有理想与没有理想的结果是大不一样的。一个人一旦立志思考人生,并开始尝试去实现自己的理想时,他对事物的看法就会有惊人的改变。而那些胸无大志,整天抱着"做一天和尚撞一天钟"想法的人是不可能取得好的成就的。

另外,我们还要明白,我们奋斗的目的不是为了赚钱、享乐,而是让自己的人生更加有价值、有意义。如果我们只把工资的多少当做人生的目的,就看不到工资背后的成长机会。一旦走到那一步,我们将无暇留意工作中的点点滴滴，感受不到自身的进步，从而无法胜任更有价值的工作。所以，不要单纯地只是为了钱而工作，不然我们就会被钱给蒙蔽了双眼，永远也不会懂得自己真正需要的是什么，更不要说有什么奋斗的不懈动力了。

看看下面这篇有关美国著名企业家查理·斯瓦布先生的故事，试想一下你会得到什么启示。

家境贫寒的查理·斯瓦布没有上过几天学，只受过短短几年的小学教育。15 岁的时候，为了减轻家里的负担他为家乡的一家富户赶起了马车。

17 岁的时候，斯瓦布开始从事他人生中的第一份正式工作，这份工作每周薪水只有 1.5 美元，连他当马夫赚的一半工资都没有。

但是，斯瓦布并不在意，他只想从这份工作中学习到更多东西，然后凭借自己学到的东西离开那个贫穷的村庄。在做这份工作期间，斯瓦布每时每刻都在寻找机会。终于，在一次卡内基钢铁公司来他所工作的地方招工人的时候，他顺利成为了卡内基钢铁公司的工人。他的工资也随之涨到了日薪 1 美元。

随着不断地努力和学习，半年后他升任为技师，后来又升为总工程师。而这时，他的月薪已经达到了数百美元。又过了 5 年，斯瓦布一飞冲天，成了他任职的卡内基钢铁公司的总经理。到了他正式参加工作的第 22 个年头，39 岁的斯瓦布一跃升为全美钢铁公司的总经理，年薪 8 万美金。明确的奋斗目标和艰辛的努力给了他财富，更造就了他的人生！

斯瓦布的故事告诉我们，如果一个人有了目标，并且把能力的提高放在第一位，薪水的上涨自然是水到渠成的事。

作为年轻人，一定要认清自己，为自己制定一个明确的奋斗目标。我们只有知道自己的目标在哪儿，才能走上正确的轨道，奔向正确的方向。有了目标，即使是在做一件最微不足道的事情，也会尽职尽责。只要这个目标还在，我们就会获得更加长远的发展。

有时候,你只需要做自己喜欢的事

当你在工作和生活中有太多不喜欢的事要做时,你会不会觉得心情烦躁呢?其实,我们每一个人的时间都是有限的,不可能有太多的时间拿来做过多的选择。我们一定要认真地思考,想想自己到底适合做什么。可能摆在你面前的有很多条宽敞的大路,多得让你逐渐迷失了自己。或许有些路的选择能够给你带来想要的一切,但不一定适合你,怎么办呢?听从自己的心,它会告诉你答案,选择心里喜欢的,才是最适合你的,也是最好的。

16岁的时候,哈里斯还在读高中,有一天,他被学校聘请的一位心理学家叫到办公室。这位心理学家说:"哈里斯,对于你各方面的情况我都仔细研究过了。"

哈里斯说:"我一直很用功的。"

"问题就在这里,"心理学家说,"你一直很用功,但进步不大。高中的课程看来你有点儿力不从心,再学下去,恐怕你就浪费时间了。"

哈里斯痛苦地用双手捂住了脸:"那样我爸爸妈妈会难过的,他们一直期望我上大学。"心理学家用一只手抚摸着哈里斯的肩膀,说:"人们的才能有各种各样,工程师不识简谱,或者画家背不全九九表,这都是可能的。但每个人都有特长——你也不例外。终有一天,你会发现自己的特长。你爸爸妈妈会为你骄傲的。"

听了心理学家的话,哈里斯觉得自己找到了人生的新方向。他不再上学了,而是替人整建园圃,修剪花草。因为勤勉,不久,顾主们开始注意到这小伙子的手艺，他们称他为"绿拇指"——因为凡经他修剪的花草无不出奇的繁茂美丽。他常常替人出主意，帮助人们把门前那点儿有限的空隙因地制宜地精心装点。他对颜色的搭配更是行家，经他布设的花圃无不令人赏心悦目。

有一天，他进城遇见许多凑巧的事——凑巧来到市政厅后面，更凑巧的是一位市政参议员就在他眼前不远处。哈里斯注意到有一块污泥浊水、满是垃圾的场地，便上前向参议员鲁莽地问道："先生，你是否能答应我把这个垃圾场改为花园？"

参议员答应了，但说："市政厅缺这笔钱。"

"我不要钱，"哈里斯说，"只要允许我办就行。"

参议员很奇怪，他从政这么久还没碰到过干活不要钱的人呢！他把这孩子带进了办公室。哈里斯步出市政厅大门时，满面春风，他有权清理这块被长期搁置的垃圾场地了。

那天下午他便拿着工具，带上种子、肥料来到目的地。一些热心的朋友给他送来一些树苗，一些相熟的主顾请他到自己的花圃剪玫瑰插枝，有的则提供篱笆用料。消息传到本城一家最大的家具厂，厂主立刻表示要免费承做公园里的条椅。

很快，这块泥泞的污秽场地就变成了一个美丽的公园，绿色的草坪，曲折的小径，人们在条椅上坐下来还听到鸟儿在唱歌——因为哈里斯也没有忘记给它们安家。全城的人都在谈论，说一个年轻人办了一件了不起的事。这个小小的公园又是一个生动的展览橱窗，人们凭它看到了哈里斯的才干，一致公认他是一个天生的风景园艺家。

哈里斯只是做了一件自己喜欢的事，却给别人带来了方便，也为自己赢得了美名。从这之后，找他来改造环境的人越来越多了。

选择一份自己喜欢的工作，并且尽自己最大的能力去工作，就会把属于你的美丽带给你身边的人，从而将你的生活装点得更加美好。因为自己

喜欢的工作就是适合自己的工作,适合了自然而然就会做得很出色。

虎克是显微镜的发明人,但是我们可能不知道他是一个身体严重残缺的人。虎克天生心肌缺损,还患有胃痛、头昏、失眠、神经衰弱、鼻窦炎、气喘等诸多毛病,他高额、大嘴、大下巴,还有一双凸出的大牛眼,他的长相甚至可以用丑陋来形容。

因为容貌不佳,他很受大家排斥。当虎克进入中学的第一天,班上的同学都被他的长相吓倒,认为他是怪物而疏远他。

虽然经常被同学们嘲笑、打击,但虎克并没有因此消沉,而是沉浸于自己的科学世界,开始向未来发起挑战。

在一次工艺课上,同学们只是制作了小盒子之类的简单木盒,但虎克却自制了一个小小的金属盒。他制作的这个东西让老师和同学们都很困惑。

"手表。"虎克解释道。

"什么?你不过 17 岁,却懂得制作手表?"老师惊讶地说道。

面对老师的怀疑,虎克坚定地说:"是的,每一个零件、每一个齿轮,都是我自己做的。"

老师说:"真是太不可思议了……咦?手表里动来动去的小东西是什么?"

虎克说:"这是我发明的弹簧,放在手表里,可以保持齿轮转动的平衡,而且可以把手动的力量,储存在弹簧中供齿轮转动。"

这是虎克用弹簧设计的规则振动,它使钟表的准确度不受温度和湿度的影响。后来,这个技术传至瑞士,使瑞士钟表世界闻名。

1653 年,虎克以工友的身份进入牛津大学做扫地的工作。有一天,虎克扫到"化学之父"波义耳教授办公室的门口,被波义耳叫进去。经过一番交谈,波义耳觉得虎克很不错,就把他聘为自己的助教。在这里虎克又展现了自己的才华,他发明了第一部真空抽气机,为波义耳证实了非常有名的"波义耳定律"。

虎克的这个成功,使波义耳很开心,于是推荐他做英国皇家科学会的会员。当虎克出席科学会的那天,科学家们对虎克的长相、学历、工作经验都有意见, 但仍在波义耳的大力支持下通过。1665 年虎克制造出第一部复式显微镜,从而在物理学领域树立了一座新的里程碑。

虎克的长相虽然被人嘲笑,但他并没有因此而放弃自己的爱好,而且还执著地做着自己喜欢的事,进而取得了惊人的成就。

其实,每个人都一样,想要成功,除了付出加倍的努力以外,我们还要找到一条适合自己的路。当你选择一条适合自己个性的路时,你就会觉得每一步都走得很艰辛,还不一定能走到预想的地点。

一个人能够找到适合自己的事情做是很幸运的。因为有时候,你做了自己喜欢的事,不仅仅是让自己开心,还会在开心的时候给别人带来惊喜,更有可能发现令自己意想不到的天赋。

第五课
倔强地面对挫折和失败

　　爆发前的林书豪是一个典型的即将完全失败的NBA球员。选秀大会上，没有人看好他；在球队中，他是替补的替补；在赛场上，他难以在零散的时间里一展所长。这种球员的出路只有两种，一种是像林书豪那样爆发，另一种是被迫离开NBA，去欧洲甚至中国讨生活。林书豪经历了一个NBA球员所经历过的一切挫折和失败，但是他倔强地挺住了，于是，他成功了。

胜过失败就能拥抱成功

成功之路永远不可能一路平坦,在这条路上,你迟早会碰见一只名叫"逆境"的拦路虎,也可能会碰见一个名叫"懒散"的收费站,它们都会让你的这条路走得分外艰苦。但是,这两样还都不是最可怕的,比它们还可怕的那种东西叫做"失败"。如果说逆境只是一时的不顺,懒散也仅仅是创业路上的些许不良心态,那么失败就意味着推倒重建,一切从头再来,之前所付出的辛苦、所取得的成就就此血本无归。

面对失败,我们应该保持一个怎样的心态呢?是该怨天尤人,还是从此堕落?其实,这样的行为都是不成熟的。在林书豪的篮球生涯中,他也曾面临过各种各样的失败。但是他挺住了,现在的他已经胜过了之前所有的失败——他成功了。

美国时间 2012 年 2 月 10 日, 纽约尼克斯队坐镇主场麦迪逊花园球馆迎战来访的洛杉矶湖人队。赛前采访,湖人队的当家球星科比在被问到如何评价林书豪近期的火暴表现时,科比冷冷地说:"我知道他是谁,但我真的不知道他做了什么大事情,我甚至不知道他都做了什么。他得了三双还是什么?他场均 28 分 8 助攻?不。我都不知道你们在谈论什么。今晚我会看看的。如果他打得好,那我就得去解决掉他。"

这是来自一只冠军球队的核心球员, 一位篮球场上的强者蔑视的声音。在这位 21 世纪前 10 年最强大的篮球巨星,一系列 NBA 得分记录的保持者。个人和球队诸多荣誉拿到手的家伙眼里,林书豪跟之前他曾经击败过的无数对手毫无区别, 这个只打过 3 场好球的年轻控卫是不可能真正引起科比的重视的。要知道,在这个世界上,除了篮球之神迈克尔·乔丹之外,没有任何一个篮球运动员敢自称比科比更成功,相对于科比所取得的成就来说,99.9%的篮球运动员都是不折不扣的失败者,林书豪当然也不例外。

在这场比赛中,科比的表现还是一如既往的稳定而高效,他拿下了34分外加10个篮板球的成绩。但是,在这场比赛之后,科比和他的湖人队成了失败者,因为他不但以85:92输掉了这场比赛,他的对手林书豪的数据统计——38分外加8次助攻也比他更加耀眼。在赛后采访中,科比甚至有些恼羞成怒,在被问到对于新星林书豪的未来发展有什么建议时,科比抓狂地说道:"见鬼吧,他都在我们头顶快砍下40分了,我还TMD能给什么建议!"

诚然,在篮球场上,胜败乃兵家常事。要知道,就算是篮球之神迈克尔·乔丹所率领的芝加哥公牛队,在他们最所向无敌的1995~1996赛季,还是输掉了所有82场常规赛中的10场。当然,一场球的胜利也并不能证明林书豪比科比更成功,但是至少在这场球之后,再没有任何一个对手敢于忽视他的存在,在球迷、媒体和对手的眼中,他已经不再是一个无名小卒和一个失败者了。林书豪的成功,是从他胜过失败战胜科比正式开始的。

拿破仑·希尔曾说:"失败有什么可怕呢?成功与失败,相隔只是一线。即使你认为失败了,只要有'置之死地而后生'的心态、自信意识,还是可以反败为胜的。如果你不是怕丢面子,怕别人说三道四,那么失败传递给你的信息只是需要再探索,再努力,而不是你不行。"

成功与失败是事物发展的两个轮子,失败是成功之母,是成功的先导。这些话可以说人人皆知。但在实际生活中,只有自信主动、心态积极、遇到挫折不怕失败的人才能真正领会它的含义,才能够从失败中吸取经验、战胜失败,走出因挫折而造成的困境,从而获得成功。

因为小儿麻痹的缘故,阮文龙在3岁时就成了一个四肢不健全的残

疾人，并因家境贫困，他初中未毕业就休了学。

虽然身患残疾，但是，从小酷爱美术的阮文龙，还是不顾别人的反对，参加了当地的一个美术培训班，之后又辗转于杭州、新疆等地，边打工，边学习。他当过油漆工，干过美术装潢，但艰苦生活的磨砺始终没能改变他对艺术的痴心。

就这样边打工边画画，阮文龙积累了一定的经验。这时，他在家乡创办了一家装潢厂，做得有声有色。但阮文龙不甘于此，他赚钱的目的是想报考中国美术学院深造。

终于在1993年，凭着惊人的毅力，阮文龙叩开了中国美院的大门，成为成教学院的一名大学生。读书期间，他带着全部积蓄，开始了在杭州的创业——他开了一家照片彩扩店。

尽管阮文龙的构想很好，但是，当全部的15万元投资变成彩扩设备后，由于不了解市场，半年时间他就亏损了5万多元。

这次惨败，让阮文龙元气大伤。不过，他没有放弃，而是总结经验，继续寻找商机。2000年9月，他创办了杭州亚龙雕塑艺术有限责任公司和中国第一家民办的城市雕塑设计研究院。凭借着30万元的启动资金和7名员工，阮文龙就这样再次走上了创业之路。

不过，这次创业之路依旧一路坎坷。3个多月的时间，公司没有接到一单生意，这让他感到了莫大的压力。但他仍然充满了希望，并用自己坚强的毅力和对艺术的执著赢得了临安市中心和平鸽雕塑的建筑订单，在建筑的过程中，他精益求精的工作态度，感动了不少的圈内人士，也为他的公司带来了成功的机遇。如今，阮文龙的公司已经为全国170多个城市设计和建造了雕塑。

阮文龙的经历告诉我们：失败并不可怕，即使我们因此失去了所有的劳动成果，但这不等于世界末日的降临，最多不过是"一夜回到解放前"。那些之前的成功，既然你可以得到它们一次，那么你就有能力得到无数次,更何况之前的经验和教训摆在那里,你无疑会比原来做得更好。

人的一生中会不可避免地遇到挫折和失败。一个人的生活目标越高,就越容易受挫折,越容易遭受失败。面对挫折和失败,你该怎么办?是退缩,还是知难而进?想想林书豪在面对科比的不屑时是怎么做的吧。不经历风雨怎能见彩虹,只有战胜挫折和困难,走出困境,这样的成功才最有意义,这样的人生才与众不同。

以积极的心态正视失败

俗语说:"失败是成功之母。"成与败往往就在一瞬间。失败并不可怕,关键在于我们要以何种心态来面对失败。抱着一个良好的心态,在失败来临时,不必沮丧,不必气馁,重整旗鼓,正视失败,最终,我们将会战胜它。

邓亚萍是中国有名的乒乓球选手,在她 11 年的体育生涯中,她一共拿到了 153 个冠军,仅在世界级别最高的奥运会、世界杯赛和世界锦标赛这三大比赛中,她一人就获得了 18 块金牌,并且还是国际体坛上唯一一名 3 次接受前国际奥委会主席萨马兰奇亲自授奖的运动员。

成功的背后总是充满艰辛,邓亚萍的成功之路也是如此。9 岁时,邓亚萍就已经成为了一名乒乓球高手。然而,在她准备在球台上大展身手的时候却被河南省乒乓球队退了回来。原来,在他们看来,邓亚萍个子矮、手臂短,根本不是运动员的料。

这对邓亚萍来说无疑是一个晴天霹雳,可是她没有失去信心。在球场上,她早已练就了一个乐观面对未来的心态,她并没有打算因此而放弃当运动员的梦想。在父亲的鼓励下,她开始了更加刻苦的训练,并相信有一

天机会会再次眷顾她。

机会终于来了。在邓亚萍13岁时，她临时顶替了河南省代表队一名生病的运动员去参加全国乒乓球锦标赛，虽然在当时所有人都没有看好她，但是邓亚萍一点儿也不在乎别人的眼光。

在比赛现场，这个不受关注的小姑娘，竟然接连击败了耿丽娟、陈静等当时很有名气的国手，一举登上了冠军宝座，爆出了那届比赛的最大冷门！比赛刚一结束，邓亚萍立刻被当时国家乒乓球队副教练、女队主教练张燮看中，收其为弟子。

在国家队接受正规的训练后，邓亚萍的技术水平突飞猛进，在中国体坛的圣殿里，她将自己那股在逆境中练就的"铁娃"本性表现得淋漓尽致。经过各种重大比赛的历练，邓亚萍最终登上了国际乒坛女霸主的宝座，创造了一个属于自己的神话。

"金无足赤，人无完人"。每个人都不可能是完美无缺的，你要正视生命中那些不完美的东西。在竞争激烈的运动场上，条件毫无优势的邓亚萍能够获得成功，颇具潜质的你，又怎能被挫折所击倒？别人可以选择看不起你，但是你一定不能瞧不起自己，只有战胜脆弱，用积极的心态面对暴风骤雨，你才能拨云见日，踏上成功的征途。

生活中，我们不可避免地会遭遇挫折，与其四顾茫茫，被迫落下扬起的风帆，还不如将此作为前进的动力和经验。他山之石，可以攻玉。即使你经历了失败，也要为自己喝彩，要鼓足勇气勇敢地面对。在这个过程当中，你会因此而得到一种新的体验，而这种体验将会使你变得更加成熟、强大。

保罗是一名美国人，没有受过几年教育。在结束学业之后，他来到一家小杂货店打工。过了几年，他手里有了一点儿钱，便打算开一家自己的小店。他用自己的全部积蓄，又向亲戚们借了一些，开了一家自己的小店铺。然而没有料到的是，由于当时经济很不景气，小店没过多长时间就倒闭了，他自己也变得负债累累。

没有办法，他只好再次给别人打工。随着美国西部兴起的一股淘金热，大批的淘金者来到了加利福尼亚州。保罗认为这是个千载难逢的机会，于是决定开始再次创业。考虑到大批淘金者将要到来，他自己筹资开了一个小饭馆。谁知情形却并非如他所料，那些淘金者大多一无所获，什么都买不起，结果，他的小饭馆没多久也关了门。

再次创业以失败而告终，他只好又回到了家乡。经过一段时间的观察，他又觉得做服装生意比较赚钱，于是又打算开个服装店。由于对市场没有进行深入的调研，他的服装店也只能关门大吉。

这次失败后，保罗开始静下心思考自己几次创业都以失败而告终的原因。经过深入细致的分析，保罗找到了自己不断失败的原因。他总结了自己的经验，明白了做事之前一定要对市场进行充分的调查。通过各方面的综合考虑，他认为服装市场仍然具有很大的市场潜力，所以，不久之后，他又开始了自己的创业。虽然身边的人都没有对他抱任何成功的希望，但是保罗一直坚信自己的判断是正确的。

终于，在父母的帮助下，他又凑齐了自己的资金。有了上次的经验，这次他很小心。他认真地分析了当地的市场，然后在一个比较繁华的地段开起了自己的小店。他的经营方式非常灵活，既给别人订做衣服，还做一些衣服用来出租。功夫不负有心人，这次，他终于成功了，现在，他的公司已经成为美国最大的百货商店之一。

保罗在一次又一次的失败中都没有被打倒，而是越挫越勇，所以说，失败本身并不可怕，可怕的是你不敢面对它。只要你能以正确的态度对待它，勇于承担责任，错误不仅不会成为你发展的障碍，反而会成为你向前的推动器，促使你更快地成长。所以，就算不成功，我们也要为自己的失败鼓掌。任何事情都有它的两面性，错误也不例外，如果只关注它消极的一面，我们自然也会偏颇地承认失败的消极性，换个角度思考，也许就会有

新的发现。关键就在于你从什么样的角度去看待它,以怎样的态度去处理它。

面对失败的打击,让我们用积极的心态来看待它,为自己喝彩,给自己一份执著。少一份失落,多一份清醒。命运鄙视懦弱,如果你一直消沉下去,你的人生注定会变得黯然无光;如果积极面对,你会发现处处都是明媚的阳光。凡事应学会从好的方面着想,即使有一千个理由哭泣,也要有一千零一个理由坚强,即使只有万分之一的希望,也要勇往直前,坚持到底,因为今天的太阳落下山,明天的太阳照样升起。

塞翁失马,焉知非福。生命不可避免会遭逢低谷,但生命又是顽强的,往往当人们为之哀伤叹息时,它又焕发出新的活力。所以,我们要学会用积极的心态面对挫折,跨过艰难,从而到达成功的彼岸,感受温暖的风从四面八方吹来……

每一处创伤都会让你成熟

成功不是唾手可得的,想要成功,我们就应该具有迎接失败的心理准备,坚定打垮失败的信念,总结每一次失败的经验。把每一次失败都当做成功的前奏,从头再来,那么我们就能化消极为积极,变自卑为自信。

每个人都应该有从头再来的勇气。因为从头再来不等于放弃过去,而是让自己在遭受创伤的过程中变得成熟。一遍遍地尝试,会让你获得更多的经验,这些才是你最大的财富。史玉柱,被称为"中国最著名的失败者",他之所以会有今天的成就,正是因为他从一次又一次的失败中愈发成熟,最终获得宝贵的财富。

　　1989 年，刚刚大学毕业的史玉柱只身一人来到深圳，在他的背包里，只有东挪西借的 4000 元钱，以及自己耗费 9 个月时间研制的一套桌面排版印刷系统。为了能够卖出自己的排版印刷系统，这个刚刚跨入社会的年轻人决定给《计算机世界》打电话，提出要为自己研制的软件登一个 8400 元的广告，而条件是先登广告后付钱，他以软件版权作抵押。

　　就是这样一个电话，为史玉柱赢得了 10 万元的收入。随后，他建立了自己的巨人公司。没过多久，他的公司就成为排在四通集团之后的第二大民营高科技企业。而史玉柱本人，也位列《福布斯》大陆富豪第 8 位，并获得珠海市政府的特殊奖励，成为全中国知识青年的偶像。

　　就在这时，上天给史玉柱开了一个大大的玩笑。由于信心过于膨胀，他决定建造巨人大厦，当初的计划是盖 38 层自用，在别人的建议下，他不断地增加大楼的高度，最后竟停留在了想象中的"中国第一高楼"——70 层。正是这栋楼，让史玉柱的经营开始大滑坡。

　　在大厦的地下工程终于完工的同时，巨人集团也爆发了严重的财务危机。为了使公司从泥潭中走出来，史玉柱向媒体公开了一个"巨人重组计划"，内容包括两个部分，一是以 8000 万元的价格出让巨人大厦 80% 的股权；二是合作组建脑黄金、巨不肥等产品的营销公司，重新启动市场。在这次危机公关成功之后，史玉柱为公司收回了一定的资金，不过因为舆论压力的缘故，他离开了公众的视野。

　　就在大家都渐渐忘记了"史玉柱"这个名字时，2000 年，史玉柱依靠铺天盖地的广告轰炸带动了一个新保健品——"脑白金"的热销。凭借着脑白金，史玉柱再一次回到公众面前，在当年的《解放日报》上，史玉柱曾写下了这样一段话："10 年前，巨人创造过辉煌；4 年前，巨人跌入低谷；新世纪，巨人又重新站了起来。"

　　现在的史玉柱早已经不是当初那个落魄的样子，在他的一生中，他经历过辉煌，也遭遇过惨败，继而又东山再起。在这成功与失败的起起伏伏

中，我们看到了史玉柱那颗永远不甘失败、从头再来的强者的心。就是这一次又一次巨大的失败，为史玉柱积累了巨大的精神财富和成熟性格，他的再次崛起也是意料之中的事。

失败并不可怕，可怕的是就此沉寂、气馁、无所作为。心理学家认为：面对挫折和失败的体验，能使人对待风险应付自如，一旦发现自己能挺过来，那么以后对失败的恐惧就减少了。遭遇失败，那些成功者都会从容自若地对待；反观那些失败者，都选择了轻易放弃。他们之所以没有挑战的勇气，就是因为没有体验过挫折与失败，没有体验过凤凰涅槃的那种历练。

苦难来临时，我们无处逃避，既然如此，索性就让它留下的创伤永远提醒自己，让自己变得更加坚强。我们通常会把不幸视为人生的逆境，抱怨命运对自己不公平，可是抱怨丝毫不能解决问题。那些在人类历史上留下了杰出贡献的人们，很多人都曾遭遇过不幸，经历过刻骨铭心的痛。可是经过风雨的历练后，他们对人生有了更加透彻的认识，变得更加成熟。没有不曾失败过的人，只有不够成熟的失败者。

人的一生不可能永远一帆风顺，生命中的那些沟沟坎坎反而更能折射出生命的精彩。没有经历过创伤，就不会领略成熟的人生。在通向成功的道路上，失败是不可避免的。跌倒了，受伤了，笑着对自己说，没有什么大不了的，前面的风景更美丽！林书豪在加盟纽约尼克斯之前，也曾在金州勇士队、休斯敦火箭队备受煎熬甚至遭到开除，但他没有沮丧，而是更加磨砺自己，让自己以更成熟的心态来面对人生风雨。

每一次的创伤带给你的不仅是苦痛，更重要的是教会你不断地成熟。挫折、困苦、失败，都不可能击倒意志坚强的人，只会引领他们走向成熟，走向成功。跨过创伤，失败的经历就能带领我们走向一个更加明朗的世界，越过创伤，你会更加懂得人生；越过创伤，你会发现自己的意志如同淬过火的钢铁，坚韧无比。在我们收获成功的时候，我们更应该怀着一颗感恩的心来谢谢生活给予我们的磨难，是它们让我们变得更加自信与执著。

别在过去的失败里驻足

人生之路不是看风景，最忌讳的就是走走停停。

成功永远属于那些不断前进的人。一个平淡无奇的人生也注定是一个碌碌无为的人生，只有踏着荆棘前行的人，才能看到别人看不到的风景。

我们都希望自己所做的每一件事永远正确，从而达到自己预期的目的。可是人非圣贤，孰能无过，我们不可能做每件事都是万无一失。做了错事难免会悔恨，但是，如果我们总是活在悔恨里，将自己陷入惭愧和自责里，那我们的生活便会停滞不前。一味的悔恨带给我们的只能是消极的心态，我们的生活也会因此而变得索然无味。

我们有时候并不能预知失败的到来，可是我们也不能在它来临时坐以待毙。要想重新站起来，我们只能选择坚强。有句话说得好："我不能左右天气，但是我可以改变心情；我不能决定生命的长度，但是我可以控制生命的宽度；我不能改变过去，但是我可以利用今天。"这句话所展现的就是一种积极乐观的心态。确实如此，外界的事物左右不了我们什么，重要的是我们当下的心态。面对那些不堪的过往，一个聪明人不会徘徊在过去的错误里，他会珍惜眼前，展望未来，重新获得那失去的快乐与成功。

1937年，杰尔德太太的丈夫不幸去世，她感到非常痛苦，觉得自己的生活太不幸了，甚至有了自杀的念头。那个时候的她非常颓废，为了缓解自己内心的痛苦，当安葬完丈夫以后，杰尔德太太写信给过去的老板里奥罗西先生，请求他让自己回去做她过去的工作。

在得到老板的同意后，杰尔德太太重新开始工作。她本以为工作可以让自己从颓丧中解脱，可是，一个人驾车、一个人吃饭的生活让她越来越觉得无法适应。每当想起自己去世的丈夫，杰尔德太太总是禁不住泪流满面。再加上工作上的不顺心，这让她更加怀念丈夫，心情也更加抑郁。杰尔德太太每天晚上都会想起丈夫去世时的模样，这让她很心痛，感觉干什么都没有意义。

1938 年的春天，杰尔德太太来到密苏里州维沙里市推销书。在艰苦的环境下，她一个人又孤独、又沮丧，自杀的念头又浮现在她脑海中。所有的一切，都让杰尔德太太感到未来已经没什么希望，生活也毫无乐趣。

在看了一篇文章后，杰尔德太太的生活发生了转机。文章中的一句话让她震动很大："对于一个聪明人来说，每一天都是一个新的生命。"这句话给予了她很大的力量，她决定要好好地生活。

渐渐地，杰尔德太太对生活越来越充满信心，她发现其实每一天的生活并非那么艰难，只要学会忘记过去，那么自己就会轻松得多。每天清晨她都会对自己说这是新的一天。一年后，杰尔德太太已经彻底从颓丧中解脱出来了。她说："我现在知道，不论在生活中遇上什么问题，我都不会再害怕了；我现在知道，我不必活在过去！"

昨天已经过去，人生最重要的是把握现在。如果仍旧把昨天的负担堆在心头，它必将成为今天的障碍。对过去的思考可以让我们更好地认识现在，可是一味地盯着昨天，也许你会得到一个"不忘本、忠诚"的美名，但你终将会错过当下的美好景色。孰轻孰重，相信聪明的人都会做出判断。

发生过的事情代表不了现在，更代表不了未来。所以，我们无须为过去的失败而悲伤，也无须深陷在过去的失败里不能自拔，这样只能让我们徒增烦恼。唯一能使过去的事情变得有价值的办法就是：以平静、理智的心态分析当时自己所犯的错误，然后从错误中吸取教训，而将因错误导致的无可挽回的损失和忧伤全都忘掉。

保罗博士是一名著名的中学教师，在他的教学过程中，他发现了一个现象：班上有些学生平时学习很用功，很刻苦，但是每次的考试他们的成绩却都不太理想。

通过仔细观察他发现，这些学生有一个共同点，那就是他们经常会为过去的考试成绩感到不安，一旦考得不好，他们就在心里留下了失败的阴影。因为经常一味地自责，他们往往忽略了下一步的学习。有些学生更为严重，他们从交完试卷的那一刻就开始为自己的成绩担心了，总害怕自己不能及格。

为了开导这些学生，保罗博士想出了一个办法。有一天，保罗博士把学生叫到了一起，把一瓶牛奶放在讲课桌上。学生们对博士的这一举动很是疑惑，不知道他葫芦里卖的是什么药。忽然，保罗博士"噌"地站了起来，一巴掌将那瓶牛奶打翻在地上，并说道："不要为打翻的牛奶哭泣。"讲台下的同学看到这一幕都若有所思。随后，保罗博士把所有的学生都叫到讲台这边，让他们观看那破碎的瓶子与洒在地上的牛奶。

当同学们在认真观察时，博士语重心长地对他们说道："同学们，你们仔细看看，现在牛奶已经淌光了，无论你再抱怨，再后悔，都没有办法取回一滴。我们要是在事前想一些预防的措施，那瓶牛奶也许还可以保住，但是现在却晚了。我们现在唯一能做的就是尽快地将它忘掉，然后专心去做下一件事情。我希望你们永远能够记住这个道理。"这时同学们都恍然大悟。

保罗博士的一席话，让学生们学到了课本上从未有过的人生道理。无论你多么悲伤，牛奶也不可能再回到瓶子里，所以，"不要为打翻的牛奶哭泣"。生活也是如此，过去的岁月不可能重复，过去的事情不可能更改，我们只有选择好好地活在当下。

过去的失败固然会让我们悲痛万分，可是我们应该学会忘记，时刻告诫自己即使你每天祈祷100遍，你也不可能回到从前，做出避免失败的措

施。生活在当今快节奏的社会,时间正在以令人难以置信的速度飞快地溜走,所以我们没有太多的时间来缅怀过去,今天才是最值得我们珍视的。过去那些失败的阴影,就让它如风一般消散吧!

从跌倒中学会走路

幼儿学走路时,总是不可避免地要跌倒,可是我们发现,跌倒的次数越多,他就会越快学会走路。

长大后的我们,会遇到更多次的摔倒。因为,我们不可能永远没有挫折。面对挫折做出何种选择,这考验着我们能否成为第二个"林书豪"。面对挫折轻易放弃,不仅让你的精力投入付诸东流,久而久之,你就会发现面前的都是困难,而这些困难都是你无法克服的。长此以往,你将不敢面对任何问题,心理素质也越来越差。

我们不害怕会跌倒,害怕的是没有跌倒后爬起来继续前进的勇气。因为害怕再次跌倒,我们选择了在失败面前望而却步,可是我们不知道,成功往往就在前方不远处。

战胜挫折,有一个基本原则可用,而且永远适用,那就是站起来,在跌倒中学会走路!要明白,人生之路并非坦途一条,我们时不时会撞上难以冲破的藩篱。轻易放弃会留下悔恨与遗憾,让你一生不愿回忆。所以,只要有一线希望就应该坚持到底,这样成功才会来临。

耶士·琼斯是上个世纪60年代著名的运动员。他是当时跨栏比赛的风云人物。他优异的比赛成绩让他顺理成章地被选为参加当年在罗马举行的奥运会的选手。

在比赛前夕,几乎所有的人都看好琼斯,甚至还有媒体为他提前颁奖。可是天有不测风云,由于发挥失误,琼斯只得到了第三名的成绩。

因为这件事,琼斯受到了前所未有的打击,生活受到了很大的影响。当时,他的第一个想法就是退役。因为琼斯明白,要再过 4 年才会有奥运会,在这样的处境下,唯一合理的出路是就是立即退出体坛,开始在其他事业上寻求发展。

经过反复思考,琼斯最终放弃了这种想法,因为他不想放弃自己一生追求的东西。在明白了什么是自己想要的东西后,他又开始了日复一日的训练,他期待着能在赛场上重新证明自己。在以后几年里,他又在 60 米和 70 米跨栏项目上创造了一些新纪录。

1964 年 2 月 22 日,琼斯参加了自己职业生涯中的最后一场比赛。在观众的欢呼声中,琼斯打破了自己的最佳纪录。在公布结果的那一刻,1.7 万名观众起立致敬,琼斯感动得热泪盈眶,很多观众也流下眼泪来。正是因为在失败中的坚持,琼斯为自己的人生书写了一个新的高度。

在失败面前,琼斯选择了重新站起,也就选择了成功。人生也同样如此,要想达到自己的目的,就要克服很多困难,不能在心理上首先投降。当你获取成功的时候,当初的那些艰辛也就不值一提了。

我们不能否认机遇和命运对人生的影响,可是这些都是客观的外在条件,主观因素才在根本上决定了我们的命运。只要有所追求,就难免有失败。当我们遇到挫折时,坚持与放弃往往就在一瞬间,我们需要静下心审慎地想一下,不能轻易放弃或改弦易辙。坚持就是胜利,如果为了一时的安逸而选择放弃,这恰恰是一个最愚笨的选择。

他命运多舛,一生中经历了许多我们常人无法想象的困苦。4 岁时的一场麻疹病和强直昏厥症差点儿要了他的命。7 岁时,他又差点儿死于猩红热。13 岁时他又患上严重的肺炎,不得不大量放血进行治疗。46 岁时,长满脓疮的牙床,使他不得不拔掉所有牙齿。50 岁后,关节炎、肠道炎、喉

结核等多种疾病吞噬着他的肌体。后来他的声带也坏了,只能靠儿子按口形翻译他的思想。

这样的人生对于我们任何一个人来说都是一种巨大的挑战,可是他并不这样认为,反而觉得上帝给予的灾难还不够,他还要再给自己的生活设置一些障碍和旋涡。他把自己长期"囚禁"起来,每天坚持练琴 10 多个小时。13 岁的时候,他就选择过流浪者的生活。

在他眼里,这一番经历对他来说是一种特别的财富,他认为人活着就离不开苦难。

与此同时,他却还是一位天才。3 岁学琴,12 岁就举办了个人首次音乐会,并一举成名,轰动音乐界。在这之后,他的琴声遍及法、意、奥、德、英、捷等国。他的演奏使帕尔玛首席提琴家罗拉惊异地从病榻上跳下来,木然而立,无颜收他为徒。他出色的演奏让他成为共和国首席小提琴家。

歌德说:"他在琴弦上展现了火一样的灵魂。"李斯特也曾经大喊:"天啊,在这四根琴弦中包含着多少苦难和痛苦啊!"

他就是世界超级小提琴家——帕格尼尼。

成功是一连串的奋斗后的结果,也是屡败屡战之后的答案。对于失败者来说,苦难是一块绊脚石;对于成功者来说,苦难是一首进行曲。帕格尼尼的一生经历了我们无法想象的苦难,可是他并没有选择向命运屈服,而是向它展开了坚强的斗争,在连续的苦难中越发坚强。

人的一生不可能是风平浪静的。由于我们的生活中难免会遇到坎坷与困难,所以我们必须学会勇敢地面对困难,学会在困境中磨炼自己,在跌倒中不断爬起来,不断前行。每一次的跌倒,我们在收获苦涩的同时也获得了一种经验。

换个角度来看,失败也是一种成功,至少从失败中你已经知道这样做行不通。爱迪生曾说过,不论何时,他也绝不允许自己有一点点灰心丧气。在发明电灯泡时他曾经历了无数次的失败,可是爱迪生仍旧轻松地对助手说:"没有失败,至少我们又成功地找出了一种不适合做灯丝的材料。"把失败看成一次成功,从失败中有所收获,这才是成功人士应该具有的心态。

不妨把挫折当做一次测试

经历过被大学拒绝,也落选过 NBA 的选秀,可是还是有了后来的"林来疯",失败对于林书豪来说只是一段促进自己进步的经历罢了。

挫折,其实也是一段旅程,只不过这段旅程注定是一段曲折的路程,可是有时多走一段弯路,也许能够多一份人生体会,多一份人生智慧。面对挫折时你的选择,不仅关乎你当下的生活,更关乎你人生的未来走向。其实挫折并不可怕,倘若你将挫折当成一次测试,那么就会发现:在挫折的路上能学到的更多,反而会让自己离成功更近一点儿!

在长沙,白宫影楼连锁店可谓家喻户晓,然而它的创始人,却是一个普通的下岗女人。

这个下岗女人,名字叫做刘雁翎,她创办影楼的经历几经沉浮,但依靠自己精湛的手艺、丰富的经验、层出不穷的创意和义无反顾的坚持,她使白宫婚纱影楼总店发展为 300 多平方米的大影楼,并且还在湖南省范围内开设了好几家分店。

1995 年,因为单位效益不好,刘雁翎不得不离开了单位。刚失业时,她在一家影楼打工。

就在这段时间,刘雁翎什么都抢着干,并且学化妆、弄布景、搞摄影,掌握了很多知识。后来,有家影楼要转让,她接手下来,成立了白宫影楼。

红火的生意让她掘到了第一桶金。

不过好景不长，因为修路的原因，白宫影楼不得不拆迁，几十万元的装修费全完了。痛定思痛后，刘雁翎租了附近一家工厂的门面，又投入 10 万元，第二次成立影楼。

然而，幸运女神仿佛总和她过不去。不到一年，影楼所租门面再一次遭遇拆迁，这一次可是连本钱都赔光了。这两次的失败，让刘雁翎倍感伤心。

就当其他人以为，刘雁翎这次该"老实"了，谁知，她第三次办起了白宫影楼，并聘请了在上海专门培训过的摄影师，高薪挖来了广州的化妆师，先进的数码摄影技术也学会了，并在长沙率先启用了鲜花造型、雷蒙娜制作、水晶制作等尖端技术。

就这样，刘雁翎的白宫影楼的回头客多了起来。如今，她的影楼年营业收入数十万元。不仅如此，刘雁翎还准备扩大影楼的经营规模，把白宫影楼开成连锁店，赚更多的钱，获得更大的成功。

我们常说"坚持就是胜利"，但真正能从心里体会其深意，并走向成功的人，确实寥寥无几。而刘雁翎 3 次创业的难得经历，就是对坚持最好的诠释，非常值得我们学习。

厄运是很好的教师，它能使我们学到并深刻体验到许多知识，并对此难以忘怀；它将使我们认识到自己的能力，认识到自己的局限。因为失败，所以才更有可能接近成功，因为失败，才更珍惜人生难得的机遇。

阿德南的一生中曾经历过一次重大的转折。他原本是一个富翁，在一次生意失败之后，他的妻子离他而去，他的家族也抛弃了他，最后陪伴他身边的只剩下一条心爱的猎狗。在他最穷困潦倒的时候，那些曾经围在他身边的人，形同陌路一般，不愿再接待他，这让他十分难过。随后，阿德南离开了自己的家乡，带着猎犬四处流浪。

一个大雪纷飞的晚上，阿德南来到一座荒僻的村庄，找到了一个避风的茅棚。简陋的茅棚里边只有一盏油灯,于是他用身上仅存的一根火柴点燃了油灯,拿出书来准备读。

就在这时,一阵寒风刮进屋内,油灯顿时熄灭了。看着漆黑的世界,阿德南不由得非常痛苦,一种绝望的感觉充斥了他的脑海,他甚至想到了结束自己的生命。

就在阿德南想要自杀之时,猎狗突然凑了过来,用温暖的身体靠在他的身旁,给他带来了一丝安慰。阿德南无奈地叹了口气,放弃了自杀的念头,抱着猎狗进入了梦乡。

第二天,当阿德南睁开眼睛,他发现:自己的小猎狗被人杀死了!抱着猎狗的尸体,他大哭一场,觉得上天要夺走他身边所有的东西,他下定决心要结束自己的生命。毕竟,世间再没有什么值得他留恋的了。

想到这里,他站了起来,最后一次看看这个世界。这时他看到了一个悲惨的场面:整个村庄都沉浸在一片可怕的寂静之中,到处是尸体,一片狼藉。这让阿德南无比震撼,很显然,这个村庄昨夜遭到了匪徒的洗劫,整个村庄一个活口也没留下来。而他也意识到这场灾难的唯一幸存者就是他。想到这里,阿德南对自己说:"我一定要坚强地活下去!"

虽然阿德南失去了自己心爱的猎狗,可是他还有人生最宝贵的东西——生命,他知道自己没有理由不去珍惜自己。随着太阳的缓缓升起,他迎着金黄色的阳光,坚定地向前走去。

人的一生中,挫折和失败是不可避免的。这些遭遇,或许会让你感到痛苦,但是,也正是这些痛苦给你带来了人生不同的经验。在你孤立无援的时候,也不要放弃进行最后一搏的勇气。正如花草一样,它们经历了风霜雪雨、严寒酷暑,可到了来年春天,它们依然吐绿绽蕾,灿烂整个世界。

我们的人生就像一个弹簧,只有对它压一压,才能爆发出更大的力量。爱默生曾说过,我们的力量来自我们的软弱,直到我们被戳、被刺,

甚至被伤害到疼痛的程度时,才会唤醒包藏着神秘力量的愤怒。看看那些伟大的人物吧,他们总是愿意被当成小人物看待,因为他们知道当坐在占有优势的椅子上时会昏昏睡去;当被摇醒、被折磨、被击败时,便有机会可以学习一些新的东西。

世界上没有趟不过去的河,也没有爬不过去的山。人生路上的一块块绊脚石只不过是为了让我们的人生变得更加精彩。所以,不要畏惧那些挫折,让我们尝试着去面对它们的考验,运用自己的智慧,发挥刚毅的精神,将它们踩在脚下,只有这样,你才会站得更高,看得更远!

用坚强的毅力打败挫折

坚持就是胜利。历史上的那些伟大人物,无一例外都具有坚持到底的坚强毅力。

英国首相丘吉尔曾经说过,成功没有什么秘诀,如果真有的话,那就是两个:第一个就是坚持到底,永不放弃;第二个秘诀就是在你想要放弃的时候,回过头来看看第一个秘诀:坚持到底,永不放弃。

考试的失败、亲人的离去、病痛的侵袭……在我们的生活中,挫折总是无处不在。它们无法预知,我们也无法提前演练。有的人面对挫折悲痛欲绝、怨天怨地,不断沉沦,最终让自己陷入黑暗的深渊;而勇敢的人却选择克服短暂的悲哀,化悲伤为动力,用坚强的毅力走出困境。

约翰逊是美国杂志《黑人文摘》的老板,正是靠着自己坚强的毅力,他才有了今天的成就。

1942 年,年仅 24 岁的约翰逊在芝加哥创办起杂志——《黑人文摘》。为了增加杂志的发行量,他决定组织一系列以"假如我是黑人"为题的文章,把一名白人放在黑人的地位,设身处地地严肃看待这一问题。

这是一个很好的创意,几乎所有的同行都给予了很高的评价。为了扩大活动的影响力,约翰逊决定邀请一位名人打响头炮。这时,他想到罗斯福总统的夫人——埃莉诺,于是,他第一时间给埃莉诺写了一封信。

埃莉诺很快给予了回复,她回信说自己太忙,根本没有时间,她委婉地拒绝了邀请。一个月之后,约翰逊又给她写了一封信,她仍说她很忙。又过了一个月,约翰逊给她写了第三封信,这次埃莉诺拒绝得更为彻底,回信说连一分钟空闲也抽不出来。

被拒绝了这么多次,所有人都劝约翰逊不要坚持了,毕竟对方是美国第一夫人,她可以用各种各样的理由来回绝邀请。但是,约翰逊并不这样认为,他想:"她并不是说不愿意写,如果我继续请求她,只要有耐心,也许,有一天她会有时间的。"

机会终于来了,在一次看报纸时,约翰逊看到了埃莉诺要在芝加哥发布演讲的新闻。于是,他在第一时间向她发了电报,询问她是否愿意趁她在芝加哥的时候为《黑人文摘》写那篇文章。

精诚所至,金石为开,埃莉诺被约翰逊的坚持感动了,她没想到这个年轻人能够如此坚持,于是便答应了他的请求,把她的感想写了出来。文章一出,很快传遍全国各地,大家争相购买阅读,杂志发行量一个月内由 5 万份猛增到 15 万份。

靠着自己的坚持,约翰逊的事业赢得了很大的发展,终于让他成为了美国出版行业的巨子。

成功的过程必然要经过不懈的努力,三天打鱼两天晒网是不可能成功的,这是约翰逊的故事给予我们的启迪。白哲特曾经说过:坚强的信念

能赢得强者的心，并且使他们变得更加坚强。没有坚持就没有收获，没有收获就没有成功。

生活中的失败和挫折既有不可避免的负面影响，又有正面的功能；既可使人走向成熟、取得成就，也可能破坏个人的前途，关键在于你怎样面对挫折。

我们没有办法避免挫折，唯有选择去坚强面对。我们最大的敌人不是困难，而是内心的怯懦。一旦我们选择坚强地去面对所有的事情，所有的事情都可以迎刃而解。

美国总统林肯是一个相貌丑陋的人，他自己从来不修边幅，总是一副邋遢的样子：窄窄的黑裤子，伞套似的上衣，加上高顶窄边的大礼帽，仿佛要故意衬托出他那瘦长条似的个子。他走路姿势难看，双手晃来荡去。每个人对他的第一印象都不是很好。由于母亲是私生子，这让他受到了更多人的鄙夷。

在他 20 岁以前，他连地球是圆的这种基本知识都不知道。为了多学点儿文化知识，他经常凑到烛光、灯光和火光前读书，时间一长，他的眼球在眼眶里越陷越深。眼看知识无涯，而自己所知有限，他更是无比沮丧，找不到未来的方向在哪里。

少年时期的他是如此，20~50 岁的他，生活依旧是一塌糊涂：22 岁时，与人合伙做生意，3 年后同伴死去，留下他一人来还债；26 岁时恋爱了，但爱人心绞痛去世；28 岁时，他向人求婚遭到无情的拒绝；39 岁时，参选国会议员失败；在他 40 岁时，主动请求担任自己所在州的土地局长，结果也以失败而告终；41 岁时，他失去自己 4 岁的爱子；45 岁时，竞选参议员失败；47 岁时，竞选副总统失败；49 岁时，竞选参议员失败。

生活似乎给了他太多的磨难，然而，就是这样一个满身缺点又不断遭受失败的人，经过自己的努力，在 51 岁时成为了美国总统，掀开了美国历史新的篇章。

通往成功的道路有时一帆风顺,有时荆棘满地。面对前者你当然轻易便能坚持,而一旦遇到后者的情况,当考验你的时刻来临,你还会有一开始时的勇气与毅力吗?林肯给了我们一个肯定的答案。

很少有人在一连串的失败中仍旧顽强地坚持,林肯做到了,所以他取得了成功。在他成功的背后,靠的是他那种敢于挑战的心。论文化水平,比他高的人有很多;论气质,那些明星更是比他闪耀,可是他那种坚强的毅力,才是他成功的关键所在。

对于大多数人来说,放弃很容易,坚持却很难。可是只要坚定了自己内心的信念,我们就会发现其实坚持也并非难事。了解了过程的艰辛,我们会更加珍惜胜利的果实。

人在低谷更应该越挫越勇

"狭路相逢勇者胜",越是在危险的境地,我们的潜能越能够被激发出来,在一帆风顺中取得的胜利不算是真正的胜利,通过重重关隘而走向胜利会让我们更深地体会成功的喜悦。

人生之路注定是不平坦的,不过,一个个挫折和磨难就如冲浪时的浪潮,虽然充满了惊险,可是一旦我们战胜了它,那种自豪感是旁人无法体会的。相反,如果你意志薄弱,向眼前的挫折低下了你高贵的头,那你永远只能是个失败者。

生活中没有过不去的坎,当挫折来临时,我们应该冷静下来,调整好心态,总结经验教训,给自己勇气,直面挫折,发起再一次的挑战。挫折愈强,我们愈勇,让我们勇敢地对自己说,让暴风雨来得更猛烈些吧!

　　爱德华生长在一个贫苦家庭,他先后干过许多工作,卖报纸、卖杂货、当管理员。虽然每一份工作的工资都不高,但他也不敢辞职。

　　在打了 8 年工以后,爱德华才有勇气自己创业,他从借来的 50 美元发展到一年净赚两万美元。可惜好景不长,他存钱的银行倒闭了,他不但损失了全部财产,还负债 1.6 万美元。

　　遭受到沉重的打击后,爱德华得了一种怪病,每天吃不下,睡不着,心情变得极度忧郁。终于有一天,他走路时昏倒在路边,从此只能卧床休息。由于没有人照顾,他全身都烂了,最后连躺着都痛苦不堪。这时医生告诉他,他大约只能活两个星期了。

　　听了医生说的话后,爱德华决定写好遗嘱躺下等死。在死亡面前,他慢慢忘记了昨天的失败,心情竟然放松了下来,闭目休养了好几个星期。虽然他每天睡眠不足两小时,但却很安稳,那些令人疲倦的忧虑也渐渐消失了,胃口也渐渐好起来,体重也开始增加。又过了几星期,爱德华竟然可以借助拐杖下地走路了。6 个星期后他又开始回去工作了。

　　逃过了死亡的威胁,爱德华的心情变得开朗起来,虽然新找的工作每周只有 30 美元,可是他仍旧干得很开心。不再后悔过去,也不害怕将来,他将全部时间、精力、热诚都放在工作上。

　　就这样,爱德华重新站了起来。又经过几年的奋斗,他成了伊文斯工业公司的董事长。从那以后,这家公司长期雄霸纽约股票市场。在格陵兰,人们为了纪念他,用他的姓氏来命名机场。

　　对于那些能够跌倒再爬起的强者,挫折是上天给予的最宝贵财富,是人生最好的课堂。有了挫折的打击,爱德华才能够赢得重生,并最终取得了卓越的成就。

　　大多数人在遭到挫折和失败时,总想着绕道而行或者干脆停滞不前,导致距离自己的目标越来越远,而那些成功者之所以能成为人群中的佼佼者,是因为他们有着支撑他们前行的力量——坚强的毅力和不达目的誓不罢休的强烈欲望。

莎莉·拉斐尔是美国的一名主持人，在 30 年职业生涯中，她曾经 18 次被辞退。而辞退的理由也都大同小异——当时的无线电台都认为女性不能吸引听众，因此没有一家电台肯雇用她。

"我被辞退了 18 次，本来大有可能被这些遭遇所吓退，做不成我想做的事情，"莎莉·拉斐尔说，"结果相反，它们鞭策我勇往直前，教会我放眼更高处，确立更远大的目标。"

有一次，莎莉·拉斐尔去多米尼加共和国采访一次暴乱事件，在向通讯社的申请遭到拒绝后，她便决定自己凑够旅费飞到那里去，然后把自己的报道出售给电台。

为了向别人证明自己，莎莉·拉斐尔向一位国家广播公司电台职员推销她的清谈节目构想。虽然那位职员对她的想法大加赞赏，但不久他就离开了国家广播公司。后来她碰到该电台的另一位职员，于是她再度提出了自己的构想，结果也以那人的失踪而告终。最后她说服了第三位职员雇用她，此人虽然答应了，但前提条件是她要在政治台主持节目。

虽然莎莉·拉斐尔对政治知道得不多，但在丈夫热情的鼓励下，她决定尝试一下，挑战一下自己。

1982 年夏天，莎莉·拉斐尔的节目终于开播了。凭借着驾轻就熟的广播技术、平易近人的语调，她主持的节目引起了众多听众的兴趣，莎莉·拉斐尔的名字以极快的速度传遍了全美。

如今的莎莉·拉斐尔已成为自办电视节目的主持人，每天，大约有800 万观众在收看她的节目。毋庸置疑，莎莉·拉斐尔用自己的不懈努力最终取得了成功。

成功之花，人们往往惊羡它现时的明艳，然而当初，它的芽儿却浸透了奋斗的泪泉，洒满了牺牲的血雨。没有谁能一步登天，没有人一上台就惊艳全场，在每一个成功者身后，都有一个与困难和挫折斗争的历程。观

众只看到他们光鲜亮丽的一面,殊不知,为了这短暂的一刻,他们经历了怎样的苦痛与挫折。就像如今集三千宠爱于一身的林书豪,在成长的路上也一定经历过我们难以想象的波折和低谷。

人难免会跌落低谷,如果在低谷时打起了退堂鼓,放弃了自己的目标和理想,那就永远不会尝到成功的滋味;如果把人生低谷时的磨难当做一个目标,用坚定的信念和决心来克服,相信不管多大的艰难险阻,我们都会顺利度过,最终取得成功。挫折往往就是成功诞生的沃土,如果在上面播撒下自己的信念,浇灌下坚强的毅力,一定会开出成功的花朵!

身处逆境也要坚持微笑

人的一生中,都会遇到逆境,与其一味地逃避,还不如面带微笑坦然面对。因为,微笑是一种强大的力量,它可以帮助我们战胜逆境,促使人奋进。面对逆境的挑战和考验,面带微笑地去战斗,在战斗中升华自己,这也是逆境的意义所在。

生活是一面镜子,你对它笑,它也会对你笑。或许现在的你正在为生活而苦于奔波,那么请你将这一切看做是通向幸福安定生活的必经之路。或许你正在为工作的辛劳而哀怨不休,那么请你将这一切看做是促进你成长的生活历练!一切皆为必然,我们可以做的,就是保持良好的心态,身处逆境也要保持微笑。用我们独有的方式去适应社会、适应变幻莫测的大千世界。

从心理学的研究结果中我们发现:在不利的局面下保持微笑会让对手心惊胆战,不寒而栗,从而让自己掌握主动权。同样,在逆境中坚持微笑可以让人心平气和，不急不怒，能让人仔细分析所处的困境，理清思路，找出解决办法，顺利渡过难关。

有一个女人自己没有儿女，她把全部的爱都倾注在她侄儿身上。有一天，女人接到一封电报，说她的侄儿意外，永远地离去了。

这对她来说无疑是一个沉重的打击，侄儿的离去让她感觉到仿佛整个世界都粉碎了，再也没有什么值得她活下去的理由。而在这件事发生以前，她一直觉得生命是那么美好，有一份自己喜欢的工作，有一个心爱的侄儿。渐渐地，她开始忽视自己的工作，忽视自己身边的亲人和朋友，她决定放弃工作，离开家乡，她自己陷在了眼泪和悔恨之中。

在她清理桌子准备离开的时候，突然发现了藏在桌布下的一封信，上面写了这样一段话："我永远也不会忘记那些你教我的真理：不论活在哪里，不论我们分离得有多么远，我永远都会记得你教我要微笑，要像一个男子汉一样承受所发生的一切。"而这段话正是侄儿写给她的。

她把那封信读了一遍又一遍，然后对自己说："你为什么不照你教给我的办法去做呢？撑下去，无论发生什么事情。把你个人的悲伤藏在微笑底下，继续过下去。"

幡然醒悟之后，她收起了自己内心的悲伤，重新回到工作岗位，不再对人冷淡无礼。她总是时刻提醒自己说："事情到了这个地步，我没有能力去改变它，但我至少可以乐观地对待它。"

笑一笑，生活没有什么大不了。天底下没有绝对的好事和绝对的坏事，有的只是你如何选择面对事情的态度。如果你凡事皆抱着消极的心态来对待，你会发现所有的事情对你来说都没有太大的意义。如果微笑地看待每件事，你会发现生活中处处都很美好。

这个世界上没有人躲得过苦难，哭泣改变不了命运，不如选择微笑面对。当今社会，不是让你去改变谁的时候，而是你要懂得学会接受，以一个好的心态坦然地接受。当你凡事都以乐观的心态去面对的时候，你会惊讶

地发现,无论多么大的困难,都不是可怕的,世界原来竟是那么的美好,我们的生活处处都充满了阳光。

　　每个人的一生都会遇到诸多的不顺,秉性坚忍的人总是能在困境中找到出路,不是因为他们比我们幸运,而是他们能够微笑地面对上天赐予的这一切,泰然处之的生活态度是他们制胜的法宝。

第六课
做自己，不要成为他人的仿品

　　你必须做你自己。你不可能成为乔丹的仿品，永远不会有第二个乔丹。无论如何，你只需成为林书豪——你自己。这并不代表你不需要努力，这只是说你需要寻找并发扬你自己的特长。人们会喜爱本真的你，就像他们喜爱林书豪一样。朱迪·加兰曾说："永远做一流版本的自己，不做二流版本的别人。"请记住一点，人们喜欢你是因为你保持自我，而不是因为你在模仿他人。

羡慕别人不如欣赏自己

看着身边的人们在工作或学习中不断取得成绩，你免不了会心生羡慕。如果你过度地羡慕别人，就会习惯性地将自己所作的贡献和处境与一个和自己条件相当的人进行比较。对方如果在某一方面比你强，那么你可能就会耿耿于怀，心理失衡。有位哲人曾说过："只看到别人的优越而看不到自己的优势是懦夫的行为，就像拿着一只金碗眼巴巴地望着人家锅里的粥一样。"

也许最应该陷入每天"羡慕嫉妒恨"的窘境的人就是林书豪。要知道，这两年林书豪每天都在跟一群百万富翁甚至千万富翁级别的球星做队友，而他自己的年薪只有 80 万美元，林书豪的收入甚至不足以支持他在纽约租下一栋公寓。

林书豪的偶像是乔丹。他自己就曾说过："我和哥哥、弟弟隔着窗户在后院看乔丹的比赛。他得分了，我们就照着他的动作，在我们家的篮架下来一个同样的得分动作。"可是林书豪并没有以乔丹作为自己的模板的打算，因为他懂得，羡慕别人不如欣赏自己。林书豪深知自己并没有乔丹那样超人级别的身体素质，可以在篮筐之上打球，自己永远也成不了下一个乔丹。不过，为什么一定要做下一个乔丹呢？凭着自己的速度、视野和大局观，难道就不足以在强手如林的 NBA 中立足吗？

乔丹是一名得分后卫，而林书豪在场上的角色则是控球后卫。不过，林书豪同样没有将控球后卫位置上的那些前辈高人当做模板的意思。他深知自己在传球的技巧上还比不过保罗和纳什这种宗师级别的控卫，没办法像他们那样在高速奔跑中用单手把球送给位置更佳的队友，但是自己却拥有更好的爆发力、更强的突破能力，能够用自己的个人进攻来吸引防守者的注意力，为队友创造得分的空间。

林书豪在接受采访时说："我并不是另一个姚明，也不可能成为另一个乔丹。我就是我自己，我是林书豪。"这就是林书豪。

在 NBA 的赛场上，有太多的人值得林书豪去羡慕，有太多的成功球员值得林书豪去模仿，但是林书豪并没有这样做，他只是冷静地认清自己、相信自己、欣赏自己，而不是试着去成为另一个谁，无论这个人是姚明还是乔丹，无论这个人有多么伟大、多么成功。

事实上，那些时时刻刻羡慕他人，心心念念想要变得和别人一样的人，在他们的内心深处潜藏的是自卑，他们瞧不起自己，所以，他们不认为做自己是一件值得自豪的光荣的事。

刘墉先生说过："虽然不是每个人都可以成为伟人，但每个人都可以成为内心强大的人。内心的强大，能够稀释一切痛苦和哀愁；内心的强大，能够有效弥补你外在的不足；内心的强大，能够让你无所畏惧地走在大路上！"

但是，并非人人都能成为内心强大的人。

有时候，在我们身旁总有这么一个声音"你不行"。当我们在做出某项决策之前，总会先听听这个声音的意见，听它告诉自己"那些东西根本不属于你"。一遍又一遍，一次又一次消极的声音充斥着我们的大脑，让我们有所畏惧、心烦意乱，进而总是下意识地告诉自己："我不行"、"我不配"、"那些东西本就不属于我"……

其实，这种声音并不存在，它只是你内心虚构出来的一个假东西，这就是自卑在作祟。自卑并不是自己的能力真的不行，而是因为缺乏自信，自认为"我不行"。在《庄子·秋水》中有这样一则故事：

相传，两千年前，燕国有一位少年，他家境殷实，不愁吃穿。他长得浓

眉大眼,五官端正。

但是他却非常不自信,总是感到事事不如人,低人一等。他总是觉得别人穿的衣服比他的好,别人吃得比他香,别人长得比他好看,别人还比他有气质,别人的站相和坐相都比他要高雅很多。

总之,别人样样都好,自己要啥都不行。

有一天,他听人说邯郸人走路姿势很美。这一听不要紧,他急忙想知道邯郸人走路的姿势究竟有多美?

于是他瞒着家人,偷偷跑到了遥远的邯郸。

一到邯郸,他觉得处处都好,处处新鲜。看到小孩走路,他觉得活泼、可爱,他赶紧学;看见老人走路,他觉得稳重,也要学;看到女人走路,他觉得婀娜多姿,还是要学。

就这样,不到半个月光景,他竟然连走路都不会了。最后他的路费花光了,只好爬着回去了。

这就是"邯郸学步"的故事。

少年之所以能有此结果,就是盲目鄙薄自己、一味崇拜别人、生搬硬套所导致的,这源于他内心过度的自卑、对自己没有信心的心理。事实上,上帝对每一个人都是公平的,在他为你关上一扇门的同时,也会为你打开一扇窗。世界上的每个人都有自己的优点和缺点,不要用他人的优点和自己的缺点比较,要懂得欣赏自己,只有欣赏自己的人才能得到更多的快乐和自信。

我们不必对自己太苛求,我们又怎么知道别人一定比自己好呢?每个人都有令人羡慕的东西和自身的缺憾,没有一个人能拥有世界全部的美好。羡慕与不满足心理犹如一对双胞胎,相伴而生。过度的羡慕是不满足的前提和诱因,进而驱使自己不断走向心理的极端。

每个人都有自己特定的优缺点,我们实在没有必要因为某些世俗的观念,就将自己改造成他人。这个世界上的每个人都是独一无二的,别人怎么看我们那是他个人的问题，与我们没有多大关系，而我们怎么样看待自己，才是最重要的。

做最真实的自己

　　每个人都是自己命运的主宰者，每个人都有自己做人的原则，都有自己的为人处世之道。无论什么时候，我们都要时刻注意倾听自己内心最深处的声音，尊重自己最真实的想法。走自己的路，让别人说去吧。生活中不必太在意别人的看法，更不能为别人的一席话而改变自己。

　　一个自己没有主见的人，做任何事情只会听从别人的看法，结果只能成为别人的附属品。做任何事情永远都是患得患失，诚惶诚恐，这种人一辈子也成不了大事。我们经常会因为各种各样的原因而不愿意做自己，如太在乎上司的态度，太在乎老板的眼神，太多的客观条件制约了我们。可是这样的人生，还有什么意义呢？

　　一条街上住着三个裁缝，为了吸引顾客，他们纷纷在门口的招牌上做文章。有两位分别挂上了"伦敦城最好的裁缝"、"全英国最好的裁缝"的招牌。第三个裁缝很为难，一番思索后释然了，挂牌："本街最好的裁缝。"

　　然而，这三个裁缝中，第三个裁缝的生意是最好的。而其他两家的生意却很惨淡。因为没有人会相信前两位裁缝门前的招牌，而大多数人宁愿相信第三位，因为他离真实的自我最近，相比之下更为亲切可信。正是因为第三位裁缝没有迷失自我，才能找到自己的方向，从三人中脱颖而出。可见，做真实的自己有多么重要。

　　在浮躁的现代社会，我们想要做自己很难，可是"我就是我"，没有人

能替代我们自己。我们也许能把很多的事做到完美，但是仍然不能代替任何人，人生最重要的就是做真实的自己。

为了追求成功，我们总是在套用别人的成功模式，可结果我们只是东施效颦，在模仿别人的同时也迷失了自己。很多时候，我们要对自己充满信心，不必去模仿那些成功人士，只要将他们的成功经验融合在自己的优势当中，我们就有了通向成功的起点。

撒切尔夫人是英国第一位女首相，她对别人的衣着毫不介意，唯独对自己的衣着要求十分苛刻。在她看来，衣着是自己对别人的最直接的表现，也最能表达自己。

无论在什么情况下，撒切尔夫人对服饰搭配和化妆都极其考究，绝不会因为当时的风潮，就改变自己的风格，在撒切尔夫人身上，你感受不到珠光宝气和雍容华贵，但却能够被另一种魅力所吸引，那就是整洁、淡雅和朴素。

撒切尔夫人在大学期间曾到过迪尼斯公司做兼职，当时，她的衣着很老成，公司里的人将她称之为"玛格丽特大姊"。可是，她并没有因此而想要去改变自己。因为她知道，这就是真实的自己——成熟、干练。

在每个星期五下午，撒切尔夫人去参加政治活动的时候，她会戴上一顶老式小帽，身穿黑色礼服，脚穿老式皮鞋，腋下夹着一只手提包，显得特别沉稳。而且她的衣服从不打皱，让人觉得井井有条。每当有人笑话她打扮得过于深沉老气时，她总是这样解释道："这样的打扮能在政治活动中取得别人的信任，建立起威信。"

因为坚持做真实的自己，撒切尔无人取得了让旁人羡慕的成就，无论别人怎么说，她知道自己最想要的是什么，她对自己的想法也充满了信心。

挪威大剧作家易卜生有句名言说："人的第一天职是什么？答案很简单：做自己。"是的，做人首先要做自己。要认清自己，把握自己的命运，实现自己的人生价值，只有这样，才真正算是自己的主人。

我的人生我做主，做真实的自己就是要敢于提出自己的想法。我们有权力决定生活中该做什么，不能由别人来代做决定，更不能让别人来左右我们的意志，让自己成为了别人的傀儡。其实，只有自己最了解自己，别人并不见得比自己高明多少，也不会比自己更了解自身实力，只有自己的决定才是最好的。从现在起，做自己的主人，不要让别人再来控制你。

我就是我，我是独一无二的

每个人都有自己的脾气和个性，但为了得到别人的认可，我们常常刻意地改变自己，开始按照他人的喜好来要求自己，久而久之，我们所看到的自己就变成了伪装后的自己。

我们把自认为完美的一面展现给别人，可是这也许并非出于我们的本意。其实在这个世界上，我们每个人都是独一无二的，所以我们应该充分认识到自己的价值。

我们身上也没有永远绝对的优点或缺点，在不同的环境下，缺点一样可以转化成优点，所以，我们没有必要为自己的缺点而伤悲。

欧蕾太太是一个很胖的人，再加上圆圆的脸和宽松的衣服，这让她看上去显得更加肥胖。

欧蕾太太的母亲是个守旧的人，她经常对欧蕾太太说："没有必要打扮得那么体面，衣服只要穿舒服就可以了。"在母亲的教导下，欧蕾太太一直都穿着朴素的衣装，也很少参加聚会。上学之后，因为害羞，她觉得自己无法与同龄人相处，也不受人欢迎。

后来，欧蕾太太与一个比自己大几岁的人结婚了，婆家是个平稳而自信的家庭，但这一点并没有让给欧蕾太太改变。害羞的欧蕾太太一直渴望像他们一样，但就是做不到。婆家人有时想要帮助她走出自闭，却适得其反。

欧蕾太太逐渐对自己丧失了信心，她变得很爱发怒，认定自己是个失败者，但她却不想让丈夫知道。有时候，她希望表现得活跃些，却又过了头，这让她感到无比沮丧，甚至想到了自杀……

一次与婆婆偶然间的谈话改变了欧蕾太太。原来婆婆在谈到她带孩子的经历时，说了一句话："无论发生什么事，我都坚持让他们秉承个性。"

"秉承个性"就像一道阳光，照亮了欧蕾太太的心。她发现，自己不快乐是因为一直以来她在勉强自己充当一个不适应的角色。抓住了事情的关键，她便开始寻找自己的个性，观察自己的特征，注意自己的外表、风度，挑选适合自己的服饰，并且试着参加一些小组活动。在活动中，她开始变得越来越有勇气和信心。不管发生什么事情，她都告诉自己一定都要秉持自己的个性。

人生不可能永远完美，我们要包容那些缺陷，留些遗憾反而可以使人清醒，催人奋进。所以，不要为自己的某些缺陷而闷闷不乐。如果一切太完美，反而让我们失去了发展的空间。

法国思想家卢梭说得好："大自然塑造了我，然后把模子打碎了。"的确如此，在这个世界上，我们每个人都是与众不同的，所以，这个世界才会如此的多姿多彩。可惜的是，许多人不肯接受这个已经失去了模子的自我，于是就用自以为完美的标准，即公共模子，把自己重新塑造一遍，结果却失去了独特的自我。

新学期开学，班里转来了一个叫黄廉的女生。她的腿脚有些不方便，走起路来有些颠簸，这是因为小时候患小儿麻痹症的后果。黄廉是个很乖巧的孩子，学习成绩很好，但是因为腿脚不方便，黄廉总是受到一些孩子的嘲笑。甚至有些孩子给黄廉起了个外号——拐腿鸭。

一天，外面下大雨，体育课改为在班级里上，体育老师组织大家唱歌、跳舞。轮到黄廉上场的时候，有一些孩子在下面起哄，让黄廉跳舞。黄廉微笑地站在讲台上，一时不知如何是好。下面的起哄声越来越大，甚至有些孩子在小声地叫着"拐腿鸭""拐腿鸭"。体育老师有些生气，他走到讲台上，正要让孩子们安静时，黄廉竟然跳起了舞，她的动作很慢，却犹如一只飞舞的孔雀在起舞。台下立刻安静下来了。

有些孩子在窃窃私语，有些孩子露初了惊讶的神情。当黄廉跳完了舞，孩子们仍然沉浸在刚才的舞姿中。这时黄廉说话了："我虽然腿脚不方便，但是我有一颗完整的心灵；身体的残缺是我不能改变的，但是我能让心灵变得更加完美，更加强大。"

一时间，全班陷入了沉默。黄廉笑了笑，又满怀自信地在黑板上写道："我只看我所有的，不看我所没有的。"这时，班里响起了热烈的掌声。

不要为自己身上的缺点而耿耿于怀，我们要善于发掘自身的优点，扬长避短，这时我们就会发现：生活同样那么美好！

我们总是习惯了从别人身上发现美的事物，却经常忘了欣赏自己身上的美。如果我们肯低头去发现自己身上的优点，其实一样是一道美丽的风景线，因此，我们有理由保持自己的本色。既然我们身上的东西都是别人无法复制和替代的，为什么不能将它们尽情地施展出来呢？

学会尊重自己的本性

为了能够成功,我们总是选择走阻力最小的路。可是当我们驻足回望时就会发现,我们越来越偏离我们的本性。我们在奋斗的过程中忘记了:尊重自己本性的人才不至于迷失了自己,也才能清晰地看清自己要走的路。

不可否认,俗事的纷繁芜杂让我们无从选择,为了寻找所谓的社会归属感,我们开始伪装自己,在别人面前的每一次呈现都多了一点儿修饰,每一次的语言都少了一分真实。很多人习惯于疲惫地伪装,总以为这样就可以赢得更多,可到头来却发现总是得不偿失,不仅没有得到自己想要的,还丢了自己最初拥有的。早知今日,何必当初,为什么我们不选择尊重自己的本性,做最真实的自己呢?

那些失败的人总是经常感到沮丧,自暴自弃,仔细想来,这样的人从来都没有尊重过自己。只不过是在追求成功的道路上跌了几跤,如果仍愿意坚持曾经的梦想,就不会选择一味地沉浸在失败的阴影中。

小卫是一个名牌大学的毕业生。毕业后,当别的同学都在为找工作还发愁时,他已经在一家国际知名的大企业谋得了一席之位。这让身边的很多同学十分羡慕。

在大学时,小卫的成绩就非常优秀,在工作中,他更是如鱼得水。出色的工作表现让他很快晋升为公司的中层领导。

每天朝九晚五地上下班,偶尔去健身房锻炼锻炼身体,或在假期和一众驴友出去旅行……在旁人眼里,这是非常幸福的生活,可是身在这种生活中的小卫却感到不快乐。

2008 年，小卫不顾家人和朋友的劝阻，毅然决然地辞掉了自己薪资丰厚的工作。有着一份不可多得的好工作，过着白领的优质生活，这是多少人想要得到的东西啊，可是小卫却自己主动丢掉了这种生活，他的决定让别人很不理解。

原来，小卫在上大学时，听说了感动中国人物——徐本禹的事迹，对他产生了很大的震动，他也想去体验一下艰苦的支教生活，为山里的孩子打开一扇认识外面世界的窗户。在家人的压力下，小卫毕业后去西部支教的计划并没有付诸实施。在工作了一段时间后，小卫越来越觉得自己应该尊重自己内心的想法，既然想做，趁着年轻，一定要勇敢地去尝试一下，不要让自己的人生留下遗憾。

做真实的自己！坚定了自己内心的信念后，小卫辞掉工作，踏上了去西部的支教之路。在一年的时间内，他在西部经历了人生最艰苦也最有意义的时光。"人的一生很有限，一定要抓紧时间做自己想做的事。"小卫说道。

现代社会，外界给予我们的诱惑有很多，在这时候，我们更应该清楚地知道自己想要的究竟是什么，不要总是羡慕和追求别人的美丽，却忘了尊重自己的本性，稍一受外界的诱惑就选择随波逐流。

事实上，每一个人都是一个"潜力股"，只要你敢于去发现自己独有的优点和潜力，并使之充分发挥，那么你也必能成为某一领域的领军人物。因此，做人没有必要总是做一个跟从者、一个旁观者，只需知道自己的本性就足可以成为一道风景。不从外物取物，而从内心取心，先树自己，再造一切，这才是你首先要做的。

有一天，杰克一个人坐在操场上看书，这时，一只小燕子从他旁边飞过。杰克看着它，羡慕地说："小燕子，你可以扇着翅膀去任何你想去的地方。可是我就不行，我连飞机也没有坐过。"

小燕子眨了眨眼睛，说："你只看到了我的一面，其实，我根本没你想象的那么潇洒。在飞之前，我必须要清楚自己的目标。有时候，漫无目的地飞令我感到厌倦。我也想要有个自己的家，跟你一样，可以好好休息。"

小燕子的话并没有得到杰克的认同，他反驳道："小燕子，虽然你说得挺对，可我还是想像你那样。我梦想有翅膀，可以在蓝色的天空飞翔。我一点儿都不喜欢我现在的生活，家长、学校总是规定好我的一切。当我告诉他们自己的想法，他们老是告诉我不可以。所以，我很期待和你一样可以自由飞翔。"

小燕子拍了拍翅膀，说："其实你不知道，要想像我一样自由自在地飞翔，未来会有很多波折等着你。下雨的时候，你要及时地找到地方避雨；在草丛中，还需要时刻保持警惕，谨防狡猾的狐狸跳出来咬你一口。与其羡慕我，还不如想想看，怎样才能在你的生活里得到乐趣，怎样才能让自己过得快乐。"

杰克着急地说："这怎么可能？你知道，有那么多规定约束着我，我怎么可能过得快乐呢？"

小燕子笑了笑说："正因为如此，你才要找到属于你自己的快乐，只有从你现在的生活中寻找快乐，你才可能会真的快乐。就像你在这里看书，你觉得快乐吗？"

"对啊，"杰克点着头说，"看书的时候，我就特别快乐，让我觉得我好像跟书中的人物一起过了个愉快的下午。"

"你看，你不是找到了你的快乐了吗？虽然生活中你有很多限制，你还是可以找到能让你自己快乐的方式，不是吗？这样的快乐才是真实的喔！"小燕子说道。

羡慕别人的幸福，以别人的成就作为标杆，这种心态其实每个人都存在。运用得当，它会成为你进步的动力；但如果产生了盲目的情绪，那么只会让自己陷于急躁之中。知识上的攀比无妨，但是如果只看着别人的物质生活，那么你一辈子都找不到属于自己的灵魂。

那些有成就的人，他们敢于选择做真实的自己，走自己的路。不管他们所选择的这条路是热闹，是冷清，是寂寞，是快乐，他们都坚持走下去。他们具有一种永不言败的精神和一种不断努力奋斗的勇气。他们懂得经营自己的人生，把自己的人生打拼得有声有色，活出真正的色彩。

尤其是在职场打拼的年轻人，更要懂得这个道理。一个企业里，最优秀的员工往往是很聪明的，他们不会去问主管需要做什么，或者某件事需要如何做，他们往往能找到自己该做的事，而那些一般的员工只能等待着主管来下达命令。当愚者在为没有遵循成功者的准则而叹息时，聪明的人、优秀的人总是在快乐、幸福地生活着，因为他们自始至终都在依照自己的原则而生活。他们始终遵守着一个信念："我首先是我自己，然后才向别人学习。"

活在别人眼里的人是可悲的

生活中，虚心地接受别人的意见有助于自己更快地成长，可是，过分地依赖别人的意见会使我们丧失主见。意大利作家但丁说过这样一句话："走自己的路，让别人说去吧。"很多人都明白这个道理，但是能够做到这一点的人是少之又少。我们总是太过在意别人的眼光，如果有人说我们的衣服难看，我们第二天就会绝不再穿；当别人说你的声音不够甜美，那么你就会很少说话。做完一件事，我们总是依靠别人的评价给自己打分，别人的看法会被我们牢牢印在脑海之中，好的评价会让我们心情愉悦，而那些不好的则给我们的生活带来无尽困扰。

在当今社会，我们不可能独立地存在于这个社会中。可是，我们不能因为这些，就让别人的议论成了生活的风向标。总是记得别人的议论，这是没有主见、不自信的表现，它不但会影响我们的生活、学习，长此以往，还会让我们的心态更加消极，更有甚者，我们不敢自己寻找未来，而是从别人的眼中寻找未来。

费曼是美国的科学奇才，他的妻子性格开朗，总是善于从一些小事中寻找生活的乐趣，所以，他们的婚姻生活很幸福，一直是身边朋友美慕的对象。

有一次，费曼的妻子给身在普林斯顿的他寄来一盒铅笔，上面还用一行金色的字表达了心中的爱意："理查亲亲！我爱你。"

看到之后，一阵暖流流过费曼的心里，他非常喜欢这件礼物，简直有些爱不释手。但他又想，这样肉麻的情话，万一在讨论问题时被人看见，别人会怎么想呢？他们肯定会笑话我的，他想来想去，最终决定刮掉笔上的字再用。

没过多久，费曼的妻子就寄来了一封质问他的信，一开头就写着："你把铅笔上的名字刮掉了吗？这算什么？你难道以拥有我的爱为耻吗？"结尾用特大号字体写着："你管别人怎么想？"看到这段话，费曼非常震惊。"是啊，我为何要管别人怎么想？生活是自己的，人生也是自己的，干吗活在别人的议论中啊。"他对自己说。

受到妻子的启发后，他决定写一本书讲述自己一生的经历，而且就以"你管别人怎么想"当书名。在这本书中，他记述了和妻子的感情、生活轶事和他自己在科学上的重大突破。

人生短暂，需要我们把握的东西有很多，如果你的人生总是不停地按着别人的要求来做自己，很显然，这样的人生是没有意义的。我们要知道，在人生路上，我们只是别人眼中的一道风景，过了，就会很快地被人忘记。当你付出太多的努力来达到别人眼中的完美，别人也许已经丧失了关注你的兴趣。所以，不要过多地纠缠于别人的评价中，要学会学做自己的主人。

当我们太过在意别人的评价时，有时会在别人的逢迎或夸奖中迷失自己，更容易的却是在别人的议论中丢盔弃甲，很难去坚持自己的想法和判断。同时，太在意别人的评价会让我们经常患得患失，害怕一切可能会产生的不好后果。结果，自己承受的压力越来越大。每天面对着千目所视、万手所指的压力，你总会害怕别人都在注意自己的缺点或疏失。这可怕的想法会使得你退缩，失去积极主动的活力。

拿破仑的妻子玛丽是一位非常著名的人物，然而曾经的她，却每天陷于苦恼之中。她的个子不高，体重却是玛丽莲·梦露的两倍。

身高的缺陷再加上并不漂亮的容貌让玛丽感到很难过。有一次她去美容院，美容师肯定地告诉她，不可能把她的脸变成杰作。听到这句话，玛丽恨不得钻到地缝里去。慢慢地，她不敢去公众场合，害怕别人注意到自己，害怕别人对自己指指点点。

有一天，她一个人在广场上散步，这时她看到了一个矮小而肥胖的老妇人。这个老妇人的脸上擦满了厚厚的脂粉，嘴唇上还涂着鲜红的唇膏，一身名牌的穿戴让她看上去十分高贵。

由于这个老妇人很胖，她手里的手杖支撑了很大的力量。突然，手杖的尖头深深地戳进了地里。当她用力地往外拔时，因为用力过猛，身体失去了重心，她重重地跌倒在了地上。

一下子，这个老妇人被摔得站不起来了。玛丽心想，她的心情肯定沮丧到了极点，在大庭广众之下摔倒毕竟不是一件优雅的事情。

因为自己也出过这种洋相，玛丽非常同情这个老妇人。然而，这个老妇人却做出了令她意想不到的事情，她坚强地站了起来，然后对玛丽笑了笑，说："瞧我不小心地摔了个大跟头。哎！"说完，还冲玛丽做了一个鬼脸。看着她离去的背影，玛丽突然意识到：没有人真正注意到你

的所作所为,是你自己心里的"鬼"在作祟。

经历过这件事后,玛丽开始逐渐调整自己的心态,她决定不再考虑别人对自己的看法,也不再会因为别人的嘲笑而闷闷不乐。这时她才顿悟到:只有学会释然,学会不计较别人的看法,自己才能活得快乐,赢得别人的尊敬!

就像玛丽说的那样,对于别人的评论,我们应当学会释然。太多的时候,我们只是自己给自己施加不必要的压力。许多东西是无法改变的,我们只有坦然接受。无论是在哪种场合,无论我们是否美若天仙,我们都不必活在矫情之中,活在别人的世界,处处担心别人怎么想自己,怎么看待自己。当你懂得了这种释然,你就会体会到什么才是真实的、无忧无虑的生活。

只有为自己而活,我们的人生才可能活得精彩。每个人都应该坚持走自己开辟的道路,不轻易受他人的观点所牵制。活着是为充实自己,而不是为了迎合他人的旨意。

如果不付诸实施,我们很难验证一个想法正确与否,因此,与其把精力花在一味地去献媚别人,无时无刻地去顺从别人,还不如把主要精力放在自己的身上。改变别人的看法总是很难,改变自己却很容易。我们可以参考别人的模式,但是中间的精髓一定要是自己的。

模仿他人,你永远是一个赝品

模仿别人无法开创属于自己的一片天地,唯有"肯定自己,扮演自己",将自己拥有的特色发挥到淋漓尽致,生命才能获得精彩。好莱坞著名导演山姆·伍德曾经说过,年轻演员最重要的就是保持自我。如果我们陷入到模仿别人的怪圈中，我们永远不能展现出真实的自我。

刚进入某个行业时，我们难免要模仿别人，就像林书豪在年少时，一定也有自己所仰慕、所模仿的篮球明星。但是，他之所以能有自己的成就，获得众多球迷的喜爱，一定有他自己独特的个性魅力，而这些靠模仿是学不会的。

林雪大学毕业后，去一家外资公司应聘。碰巧的是和她同宿舍的露露也接到了那家公司的面试通知单。由于那家公司提供的条件和发展前途都很好，她们俩谁都不想错过，而名额只有一个。

为了能够给面试官留下好的第一印象，面试前一天，露露从亲朋好友那里借来了好几套不同款式的职业套装，如时装模特般地在宿舍内试衣，务求选一套最能体现她成熟、自信的风格的衣服。经过一番打扮，露露完全变成了一个"白领丽人"。

可是林雪却没有这样做。林雪认为，这家公司招的就是应届毕业生，她除了充分展现自己的专业特长外，没必要刻意掩饰自己初出茅庐的稚嫩，如果表现得太过成熟，反而给人一种伪装的感觉。如果这家公司很看重成熟老练这些特质，那完全可以直接招聘已经有了几年工作经验的人。于是在面试那天她只化了一点儿淡妆，穿一条白底蓝条纹的连衣裙，清清爽爽地出现在主试官的面前。结果可想而知，林雪最终被这家公司录取了。

林雪在机遇面前展现了自己真实的一面，最终面试成功。虽然现代社会人与人的交往中都带有伪装的成分，可是我们爱与那些不带面具的人交往。因此，真实总是能在关键时刻为我们的成功加重砝码。模仿他人，永远得不到一个完整的自己。如果每一个人办事时都能把自己的独特才能发挥到极点，就会使自己既显得与众不同，又具有说服力。

福特车的制造商曾经这样说过："所有的福特轿车从性能到款式完全相同，但是，对于它的使用者来说，我们却找不出完全一样的两个人。"正

是因为有所不同，我们才能发现一些旁人看不到的闪光点。我们每个人的个性、形象、人格都有其潜在的创造性，我们完全没有必要一味去模仿他人。卡耐基有一句名言是："整日装在别人套子里的人，终究有一天会发现，自己已变得面目全非了！"

"总是模仿别人"是一个坏习惯，这种习惯会让你变得没有性格，没有主见。做别人"跟屁虫"的结果是只能捡别人剩下的东西。如果你善于发现自己的优点，敢于独辟蹊径，培养自己的个性，你将会成为一个与众不同的人。

河南和山东交界处有个小村子，高速公路紧靠在村子旁边，来往的客车非常多。由于该村是这条公路的一个大站，因此有很多客车在夜里要在这里休息。这样一来，旅客的食宿就成了问题。村民常伟在这里面看到了商机，于是在这条公路旁开设了一家饭店，从事饭菜热卖的生意，买卖十分兴隆。

同在一个村的郭顺看到常伟的生意非常好，便也想在常伟的饭店旁边再开设一家饭店，希望也能大赚一笔。可是他的朋友却极力劝阻，并建议他改开一家冷饮专卖店，郭顺百思不得其解。朋友对他解释说，常伟的饭店已经基本上满足过往车辆的食物需要了，你再开与他一样的店已经没有市场了，只可能会引起恶性竞争。与其模仿他，不如提供他所未提供的服务。开家冷饮店，则是互利双赢的一件事。

郭顺听了朋友的建议后，觉得很有道理。于是，在这条高速公路旁，旅客们可以去常伟的饭店吃饭，而且也能到郭顺的冷饮店买酒水。就这样，常伟和郭顺的生意越做越兴隆。

一味地去模仿别人，盲目地去进行尝试，有时非但不能取得成功，反而会得不偿失。我们应该庆幸，我们是这个世界上独一无二的个体，我们有着其他人不具备的天赋和能力，所以，我们完全没有必要去羡慕别人，去嫉妒别人，更没有必要去模仿别人！

就算我们有再深的模仿功底，我们也只能做到形似，而缺乏中间最实质的东西，这样反而会给人一种不伦不类的感觉。"邯郸学步"，最后的结果是彻底地迷失了自己，正品的价值是赝品永远不可及的。

有很多明星都是在改变了模仿的毛病后，闯出了一片属于自己的新天地。如美国歌星金奥特雷，开创了五弦琴弹奏西部歌曲的先河，成为全世界在电影界和广播界最有名的西部歌星之一；而玛丽·玛格丽特·麦克布蕾发挥自己的本色，结果成为纽约最受欢迎的广播明星。可见，一味地模仿带来的多是耻笑和失败，一个人只有挖掘自己的本色，才能发挥自我。

所有的树叶看上去都一样，而仔细观察后却发现我们不可能找到两片完全相同的叶子。人亦如此，我们每个人都有与生俱来的特质。正是有了这种差异，我们的世界才会更加丰富多彩。总之，在生活中，追求一个并不合适自己的模式的人很难获得成功，也很难获得幸福。保持自己的本色，在顺其自然中充分发展自己是最明智的。模仿他人，你永远只能是一个没人赏识的赝品。

营造自己的霸气

霸气，一直就是刀光剑影的战场上必备的素质，能够取得最后胜利的人，一定是充满了霸气。无论在什么场合，霸气——这种王者的风范总能在心理上给对手强大的威慑力，让对手丧失搏斗的信心。正如二战时期著名的巴顿将军，正是凭借着无往不胜的霸气，一举奠定了其著名军事统帅的地位。

历史发展到今天，霸气的重要性就显得更加重要。在竞争激烈的当今

社会,强者生存,弱者淘汰,这就要求我们拿出自己身上的霸气,才能在社会上有一席之地,才敢在高手云集的赛场上胜出;才敢在商海的滚滚浪潮中扬帆起航;才敢在激烈的竞争中大显身手。倘若没有霸气,你就只能蜷缩在黑暗的角落里虚度华年;你就只能眼睁睁地看着一次次的机遇从你身边溜走……

陆弘亮是中国电子科技的领军人之一。就是依靠自身的那种霸气,他打下了属于自己的一片天地。

1990 年,陆弘亮第一次回到大陆,他本来准备做的是电脑生意,在对市场进行考察之后,他发现其实内地电脑普及率极低,百姓的消费能力也有限,他只好放弃了这个想法。

在对上海的市场进行考察后,他突然意识到:通讯市场会更有前途!当时上海电话号码只有 5 位数字,要想打到深圳或北京,只有等到吃饭或者睡觉时才打得通。如果能够解决这个问题,这个项目一定可以成功。

就这样,陆弘亮和朋友在北京设立了 UT 斯达康公司,开始有线接入业务。在开始时,寻求资金是非常困难的。当时,陆弘亮先要花钱做一个样机,样机做好后,再到处去寻找投资人。在这种情况下,如果不能及时找到投资方,公司极有可能就要倒闭。尽管公司的处境十分困难,但是陆弘亮却非常自信,对自己公司的这项技术非常有信心。凭借着不断地努力,陆弘亮所率领的 UT 斯达康在市场上大获丰收。那时候,人们手中的小灵通,几乎都是 UT 斯达康的各个系列。

"对于一个一无所有的人来说,霸气就是最大的财富。"这是陆弘亮经常说的一句话。在事业发展的关键时刻,他靠着自己的雄心大志最终成就了一番事业。现如今,陆弘亮领导下的 UT 斯达康正在日益发展壮大,而他个人,也曾入选美国《时代周刊》评选出的全球数字信息领域前 50 名风云人物!

霸气是与生俱来的一种气质,它是一种自信,是一种大气,是一种气势上的高屋建瓴，是一种自然而然的存在，是舍我其谁的豪气。陆弘亮的成功告诉我们：想要成功，就必须彰显霸气。没了霸气，就如没了爪牙的老虎，与其他野兽搏斗时根本不堪一击！

当然，我们也要清楚地知道，霸气并非"匪气"，它不是狂妄自大，更不是盛气凌人、横行霸道。霸气所表现出来的气势是一种王者的"大气"。一个拥有霸气的人，带给我们的感觉是信心倍增，士气高涨；而这种霸气，也可以给我们带来财富。

让我们铭记这一天，铭记走到这里所走过的路程。在美国诞生之初，天寒地冻，一群爱国者在冰河岸边，围绕着微弱的篝火取暖。首都已经沦陷。敌人正在逼近。鲜血染红了白雪。

当革命的道路日渐模糊的时刻，我们的国父这样说："告诉未来的世界……严冬之际，只有希望和美德永存……这个城市和这个国家，在共同的危机下团结起来，一起面对。"

美国，面对我们共同的危机，在这个艰难的冬季，让我们铭记这些永恒的话语。带着希望和美德，让我们再一次勇敢地面对冰冷的现实，迎击即将来临的风暴。让我们的子孙传唱，当我们接受考验时，我们并没有停止，退缩，更没有踌躇不前。我们在上帝的保佑下眺望远方，我们在自由的道路上勇往直前，我们的精神将万古流芳。

这是美国总统奥巴马就职演说中的一段话。他的这段演讲让我们看到了奥巴马身上的那种霸气，一种让我们充满信心的领导人风范。他用着那"令政客嫉妒的嗓音"，充分调动了现场的气氛，相信百万美国人民在他的演讲中都找到了对未来充满信心的勇气。

强者无论出现在哪儿，立即就会成为众人瞩目的焦点，即使他们默不作声，只静静地站在那儿或坐在那儿，也会给人一种震慑的感觉，在气势上就能压倒群雄，引起众人的注意。这就是强者彰显出的霸气。

老虎总能让我们感到一种霸气的威严，就连画框中的老虎也能强烈

地震撼我们的心灵。这是因为，老虎是充满自信的，在它们的眼中，不远处的那只兔子就是自己的，谁也抢不走！由此可见，打造霸气，首要环节就是提升自信。当你拥有了那种非凡的自信，霸气之风自然而然就会流露出来。只有让自己充满霸气，充满魄力，你的举手投足间才会散发出一种王者之气，你的内心才会更加强大！

你需要走出一条属于自己的路

鲁迅先生曾经说过，世上本没有路，走的人多了，也就成了路。我们平时总是沿着别人的老路走，既平坦，又没有危险，可是这样的路又有什么意思呢？那些强者总是会对自己说："我们是自己，所以，我们要过自己的生活！"

沿着别人开辟过的路走下去，自然没有荆棘所阻拦，不用担心受伤的危险。可是，那些伟大人物，却从来不认同这样的观点。美国《财富》杂志采访比尔·盖茨时问了这样一个问题："身为世界首富，你到底是如何成就这一切的？我想也许只有你才可以告诉世人成为世界首富的秘诀。"比尔·盖茨淡淡地答道："事实上我之所以成为世界首富，除了知识、人脉、微软公司畅销的软件之外，还有一个前提，那就是走自己的路。"

走自己的路是需要勇气的，在这个过程中，需要我们付出更多的艰辛和汗水，也要忍受更多的苦难。可是，只有这样我们才能够看到别人看不到的风景。试想，倘若老虎迟迟不愿迈出属于自我进化的第一步，那么，它又如何在丛林中生存？

比利与科菲的父亲是一位制鞋工人。在他们两人高中毕业的时候，正好赶上美国大萧条的时期，当时很多企业都面临着倒闭，他们两人的父亲也不幸失业了。

为了减轻父亲的负担，两兄弟不得不走入社会。通过对市场的仔细考察，他们最后决定经营一家在当地很少见的汽车餐厅。在当时，美国餐厅采取的都是家庭经营方式，一直也没有人想过去突破这种方式。虽然两人没有经营餐厅的经验，但是他们两人坚信这是一条可行的道路。

由于餐厅独特的经营模式，兄弟俩的生意非常火暴，甚至带动起了当地汽车餐厅的发展。在这个时候，很多人就依葫芦画瓢地开起了汽车餐厅，与比利和科菲抢起了生意。可想而知，他们的市场份额被抢走了不少。

为了解决这个问题，两兄弟开始仔细思考问题出现的原因。就在这个时候，他们发现，在人们的印象中，汽车餐厅是一个出售廉价食品的地方，如果提高食品的成本和劳动力的话，生意就很难继续下去了。

想到这里，兄弟俩有了解决的办法，决定走出一条自己的路。经过一番调查，他们发现汽车餐厅的主要收入来源是汉堡的销售，而不是里面所加的排骨，但是很多人还是乐此不疲地为排骨做着广告。为此，兄弟俩决定直接现场制作汉堡，并且根据每个人的喜好进行熟食的添加。就是通过这样一个简单的改良，比利和科菲的生意再次火暴了起来。

如果没有及时地想出解决的办法，比利和科菲的汽车餐厅也许就要倒闭了。关键时刻走出了一条不一样的路，让他们从困境中摆脱出来。林书豪也是一样，他没有让自己去做奥尼尔、去做科比，而是按照自己的风格去提升，因此自然成就了另外一个舞台。

但现实中，有很多人愿意选择"一条路走到黑"，进而在这种过分的执著中走进了一条死胡同。很多人思维守旧，情愿墨守成规地活着，看着前面的路越来越窄而不愿意去开辟一条新的路。这样的人注定只能看着别人吃肉，而自己啃别人剩下的骨头，他的事业永远不可能有突破。

内蒙古有一家几十年老牌子的制胶厂。在 2008 年的时候,由于经营不善,这家制胶厂到了倒闭的边缘,工人们也丧失了继续努力的信心。就在此时,一个名叫郭勇的外乡小伙子挺身而出,接下了这个"烂摊子"。

为了解决产房的问题,他买了油毡把漏屋蒙了起来;为了解决设备短缺的问题,他又从工人家里借来了缝纫机。这时,他又获得一个准确的市场信息,制胶业市场产品过剩,许多回收复制行业厂家纷纷倒闭。

得到消息的那一刻,郭勇感到自己的机会来了。在考察当地市场后,他发现当地畜牧业很兴旺,于是决定制作皮革制品。结果,他们用皮革做的自行车坐垫、手提包、背包、儿童书包、旅行包等产品,很快占领了市场。自己欠下的债务马上还清了,工人们也领到了工资。

一个濒临倒闭的小厂扭亏为盈,这让不少媒体竞相报道,也引得许多人慕名前来参观考察。这个时候,郭勇明白,自己的成功经验有可能会被别人复制。于是,他又决定走另外一条路。

经过考察,郭勇决定,将工厂转型生产牛皮鞋、皮衫、山羊革夹克衫等。当他把这个决定告诉工人时,遭到了一致的反对。工人们集体责问他:"这么畅销的产品为什么要停止生产?"

郭勇笑着说:"大家少安毋躁,再过几个月,你们就会明白我的意图!请大家放心,我接手这个厂子,就是为了让他腾飞!"看到郭勇表现得十分自信,虽然工人们不理解,但还是暂且同意了郭勇的发展规划。

事实证明郭勇做出了一个正确的决定。原来,曾经那些来取经的工厂,回去后争相大批生产相同的产品,市场很快出现了滞销现象。郭勇的先见之明避免了工厂陷入危机。

古语有云:"成功之下,不可久居。"即使已经取得了成功,也要不断开拓新的路。没有人能够永远停留在一条道路上。那些成功人士,绝不会躺在已获取的成功上蒙头大睡,他们会以高瞻远瞩的眼光和牢靠的经验,在生意正如日中天时,便开始洞察时机,转变方向。

有时候，选择一条新的道路就意味着重新开始，你也一定会面对各种各样的困难。在这个时候，你必须勇敢地坚持己见，相信通过自己的努力，一定能够取得成功。

第七课
保持谦虚，
人生才有进步的余地

即使现在所有媒体都疯狂追逐林书豪，他依然保持谦逊，这会让队友和球迷更加喜爱他。如果有一天，你也能像林书豪那样飞黄腾达，报纸媒体为了增加销量而希望将你放在头版，千万记得也要像他那样谦逊，别让聚光灯晃花了眼睛，别让荣誉冲昏了头脑。

低调是一种生活态度

在这个世界上，有些人为聚光灯而活，有些人却为了逃离聚光灯而活；有些人没什么名气整天想要出名，有些人非常出名却拼命想摆脱名气带来的苦恼。事实上，低调是一种生活的态度，让人在世俗之中游走，始终保持自己的本真。

不能说林书豪不想出名。他之前生存在 NBA 的边缘地带，希望能在 NBA 站稳脚跟，当然也希望能稳定地打上主力，而名气可以为他带来这些，所以，即便他没有削尖了脑袋追求名气，至少也不排斥出名。但林书豪却绝不是为了出名，为了成为像现在这样万人瞩目的明星而打球的。

林书豪曾亲口说过："很多人打球的动机是金钱、女孩子和明星的生活方式。我也是人，我也经常被世俗所诱惑，但是我知道我打球不是为这些。我打球的动机是追求'永恒的快乐'，不是输赢的快乐。想明白了这一点，我的心灵就得到了神奇的'安宁'。这种神奇的'安宁'带来了奇迹的表现。"

但其实，林书豪本人也未必想过自己会像现在这样出名。当他睡在队友兰德里·菲尔兹家的沙发上时，他应该不敢奢望自己成为奥兰多全明星周末的一大焦点，更不敢期盼自己连续登上两期《体育画报》的封面。对林书豪而言，聚光灯是不期而至的。

不过好在，低调和谦逊是林书豪的生活态度。林书豪恳请中国台湾媒体尊重自己家人的隐私；林书豪拒绝登上《GQ》杂志的封面；在奥兰多，两场个人专属新闻发布会，林书豪反复告诉来自世界各地的记者"我是杰里米·林，不是Linsanity"；在全明星赛正在如火如荼地进行当中的时候，本可以成为场边的一道最亮丽的风景的他，却选择了远离这些喧嚣，而去钓鱼。

林书豪低调谦逊的品质也为他赢得了更多人气，让更多的球迷，甚至对篮球一窍不通的人爱上了这个黄皮肤的小伙子。就连上赛季的常规赛最有价值球员得主，芝加哥公牛队的超级球星德里克·罗斯都夸赞林书豪道："他的表现很出色，他场上的表现非常有自信。在这个联盟生存你最需要的就是自信，林书豪目前也确实打得非常自信。我喜欢他，不论是球员还是个人，因为他非常谦逊。我喜欢他打球的方式，他不会在意名誉之类的东西，他对这些并不太关注。我认为，这也是一名成功的球员所应该表现出来的特质。"

我们见过太多的体育明星，当他们成名之后、富有之后便开始飘飘然，在媒体面前自吹自擂，穿奇装异服，开名车，泡夜店，把自己的本性和世界上所有的美德都抛诸脑后。但好在，无论林书豪是否已经准备好了做一个连上街购物都要被狗仔队跟踪的名人，他的低调谦逊的生活态度却是不会改变的。林书豪永远都是林书豪。

其实，世界上真正有魅力的人，往往是功成名就而又低调谦逊的人。不论何时，人都不应该自高自大，自鸣得意，而应该低调谦逊。谦逊是低调最直接的表现，只有具有谦逊品格的人，才能够让人感到高贵，产生心灵上的平衡感，为自己赢得好人缘。谦逊待人，才能得到别人的尊重，为自己赢得成功的可能。

希腊的著名哲学家苏格拉底不但才华横溢、著作等身，而且广招门生，奖掖后进，运用著名的启发谈话启迪青年。每当人们赞叹他学识渊博、智慧超群的时候，他总是谦逊地说："我唯一知道的就是我自己的无知。"

被人们称颂为"力学之父"的牛顿发现了万有引力定律，在热学上，他确定了冷却定律。在数学上，他提出了"流数法"，建立了二项定理并和莱

151

布尼兹几乎同时创立了微积分学,开辟了数学上的一个新纪元。他是一位有多方面成就的伟大科学家,然而他非常谦逊。对于自己的成功,他总是谦虚地说:"如果我看见的比笛卡尔要远一点儿,那是因为我站在巨人肩上的缘故。"他还对人说:"我只像一个海滨玩耍的小孩子,有时很高兴地拾着一颗光滑美丽的石子儿,真理的大海还是没有发现。"扬名于世的音乐大师贝多芬,谦虚地说自己"只学会了几个音符"。科学巨匠爱因斯坦说自己"真像小孩一样幼稚"。

看看这些伟人,低调与谦逊是他们的生活态度,融入了他们的一言一行,一举一动。

年轻的我们理应学习这种低调谦逊的生活态度和处世方式,胜不骄,败不馁。因为唯有如此,才能在人生之路上行走得更远。那些狂妄自大的人除了显出自己的无知和浅薄外,实在没有什么值得夸口的。只有低调和谦逊,你的人生才会有进步的余地!

性格可以强势,态度却需谦卑

"在工作中,我要保持强势,这样才能管理住手下人。"这是大多数管理者的想法。没错,那些过于软弱的人根本管不住下属,并不适合担当管理重任。如果没有强势的性格或态度,林书豪在球场上的指挥可想而知也是不会形成什么好的效果的。

大家普遍认为,性格强势的人更容易取得成功。美国一项最新研究发现,那些强势的男性在收入方面要高过那些平和的男性,其年收入差距平均达 8500 美元。这说明,如果简单地以收入作为评判成功与否的标准,那么性格强势的人绝对占优势。因为，性格强势的人做事高调，他们通过强势的个性和作风，不断地取得一个又一个的成功，进而树立了自己的权威。这样，无论在生活还是工作中，他们都会顺风顺水，即使出现错误，也会因为强势的性格予以弥补。

性格强势的人不会轻易因别人的意见而改变，只要自己认为是对的，就会坚持到底。但是，性格上的强势并不意味着"趾高气扬"。相反，在实际生活中，性格强势的人还应当有谦卑的态度，因为谦卑的态度可以帮你广结人缘，使你做事时更加如鱼得水。

在万千人群中，如果能适当地表现出自己的才华、特点、能力，就很容易赢得机会，也就是说，性格强势的人更容易获得成功。当然，强势与高调的做人风格可能并不被多数人接受，因此，在待人处事方面就要格外注意，照顾大家的情绪，不能太过锋芒毕露。谦虚品格会让你赢得众人的爱戴，正如本节标题所讲：性格可以强势，态度却需谦卑。

年轻的我们，要学会做一个性格强势的谦卑者，这样才能在人生的道路上走得更远。如果一味自满、骄傲，那除了显出自己的无知和狂妄外，实在对人生没有什么裨益。保持谦逊，我们才能做到"三人行，必有我师焉"，从而取得人生的进步。

无论在什么时候，目中无人、高高在上的人，永远都得不到他人的喜欢。在通向成功的道路上，如果你想要与人建立关系、受人尊重，你就必须要学会谦卑。这一点，林书豪的前辈、NBA巨星姚明最有发言权。

姚明在荣获劳伦斯2002世界最佳新人奖时说："这个荣誉不仅属于我自己，也属于我在中国和美国的教练，属于我的队友和球迷。没有他们对我一如既往的支持，我就无法取得今天这样的成就。"谦虚，是姚明一个很招人喜欢的特点。

2007年12月30日，火箭队主场迎战猛龙队。在麦蒂缺席的情况下，姚明凭借自己出色的发挥，率领全队取得了最后的胜利。主教练阿德尔曼

对姚明在这一战中的表现相当满意,他说:"姚明的毅力和信心收到了良好的效果,他确实打得很好,用他的顽强影响到了其他的球员。"而姚明则谦虚地把功劳归于队友:"这场比赛是对我们球队士气的一种振奋,也是对于团结、信心、默契的考验,可以说是患难见真情吧。拿下这场比赛绝不是我一个人的功劳,火箭队中的每一个人都有份儿,我们是一个集体。"

姚明谦虚的态度,不仅赢得了人们的好感,也获得了人们的尊重。火箭队的媒体关系部经理评价姚明说:"他是个非常谦虚的人,是那种如果能够不引人注意就绝不引人注意的人。他所做的就是走出门,打篮球。有谁不喜欢这样的人呢?所以,姚明就是火箭队的无价之宝!"

这就是大家眼中的姚明,正是这种谦逊的态度,让他获得了无数的赞同和支持。

或许有人会觉得姚明是在做表面功夫,说的都是"客套话",可是很多人连这种"客套话"都不会说呢!他们不知道,正是因为自己的"不会"、"不屑",导致了朋友不断地离自己而去。所以,一个人要想得到别人的尊重,就不要摆架子,表现出盛气凌人的态度。因为性格强势,并不意味着不需要谦虚的态度。

成功的人,总是用谦虚的口吻对待自己的成就和荣誉。因为,谦逊之人不容易受别人排斥,反而更容易获得众人的认可和喜爱,进而被社会和群体吸纳和认同。

《管子》中曾说过:"凡谦虚者,一般能修恭、敬爱、辞让、除怨、无争,以相逆也。"所以,我们每个人在保持强势性格的同时,一定要记得用谦卑的态度对待周围的人和事。

任何时候都能够接受批评

"他算什么？凭什么批评我的不是？"一个在工作中不如意的年轻人如此发着牢骚，觉得被人批评是一件很丢脸的事。

其实，在不断地奋斗过程中，年轻人不可避免地会犯这样或那样的错误，而遭受到批评也就在所难免了。作为一个积极上进的年轻人，我们不仅要从善如流，正确认识批评，更要虚怀若谷、善于接受批评。我们要从批评中找到有价值的东西，还要提高自己的心理承受能力，在批评中使自己成长，进而取得更大的进步。

因此，我们要努力培养自己"接受批评的情商"。有了这种情商，你将会变成一个善于合作的人，也将为自己营造良好的人缘，你的能力也会在你虚心接受批评中得到很大的提高。

宋朝时，年轻的吕端就被宋太宗任命为副宰相。当时很多人都不服气，常常在私下里议论他。当他列席早朝例会的时候，有人在他后面说道："哼，这个人这么年轻就当了副宰相，会有什么才能呢？"

这个说他的人声音很大，很多人都听到了他的话，都在看说话的人到底是谁。但是吕端却好像没有听见一样，并不回头查看说话的那个人是谁。

退朝后，吕端也没有表现出愤怒的情绪，而是像什么都没有发生过一样，从容地从队列中走过。有几个和他比较要好的同僚就为他打抱不平，纷纷赌咒发誓，一定要帮吕端查出那个诋毁他的人到底是谁。

但是，吕端并不赞同朋友们的话，只是淡淡地说："还是不要打听了

吧，我不想知道那个人是谁。如果不知道，我还能保持一颗平常心，如果知道了那个人是谁，我难免会心怀怨恨，这样不是自己给自己找不开心吗？还是不知道的好啊，反正我也没有什么损失。"

听了吕端的话，朋友们都很佩服，觉得他真的是"宰相肚里能撑船"，还把这个故事告诉给其他人。结果，官员们纷纷为这位年轻的副宰相折服，再也没有人敢因为他年纪轻而小觑他。那位在朝上讽刺他的官员也羞愧得无地自容，以后见了吕端都是恭恭敬敬的，再也不说那些嘲讽的话了。

敢于接受批评的吕端，不仅没有因别人的话而自寻烦恼，反而赢得了更多人的尊敬。由此可见，接受批评并不是什么坏事，相反还是对自己有利的好事。

然而，现在的年轻人就不见得能像吕端那样做到这一点。只想着自己单枪匹马地进行奋斗，绝不听取任何人的批评和建议。然而在现代工业社会，单枪匹马和赤手空拳打天下的神话已不复存在，孤胆英雄越来越难以成功，现在更注重一种团队合作的精神。如果在团队中你不接受别人的批评和建议，那么你只能与团队脱节，最终什么大事也成不了。

尽管批评是一种负面沟通，但不可否认它有其可贵之处。如果一个人总得不到批评，那么就很难有进步和收获，也必然失去走向成功的动力。从另一方面说，批评也是别人给你的一种关爱。它体现了领导之爱、同志之爱、部属之爱。这种关爱是别人对自己的帮助与呵护，它能使人防微杜渐、头脑清醒，不致酿成更大的错误，还会对个人有所提升。

小赵工作很勤奋，是一个很不错的员工，但是他有一个缺点就是不喜欢与人合作。对他来说，与同事合作费时费力，结果并不好。他总觉得在公司里自己的能力已经很强了。

尽管小赵非常努力，但是他取得的成就却很少，与同事的关系也并不融洽。这使他感到困惑，因为他以为，自己平时的形象应该给人相当随和及容易合作的感觉。

事实上,当小赵把别人当做傻瓜的时候,别人也把他当成了白痴。因此,连续几个月小赵的工作效率都很低下,使得考核主管不得不找到小赵,并生气地对他说:"你和其他同事同在一个团队里,为什么你总是不信任你的同事,无法与他们合作呢?年轻人,不要把自己想得太优秀!"

喜欢孤军奋战是很多年轻人的特点,如果小赵能够虚心地接受批评,那么此事也就会顺利解决。然而,心高气傲的小赵却回答道:"我想与他们合作,但是坦白地说,我认为他们都是白痴!"

考核主管反问道:"你认为你真的就那么优秀吗?你认为别人真的就没你聪明吗?"

小赵自负地回答:"我想这个问题的答案是肯定的!"他的态度彻底激怒了考核主管,于是考核主管将半年以来他们部门每个人的业绩扔给他看:"我想你并不比别人聪明,如果你认为别人是白痴,那么你是不是还不如一个白痴?"

看完那张可以说明一切的业绩表时,小赵脸涨得通红,再也说不出话来。这已经不仅仅是缺乏协作精神的问题了,更说明他接受不了批评。所以,他当然不能取得好的成就了。

不管你觉得自己有多么优秀,都应当学会接受批评。任何一个团队之中,即使是在一个成功的团队之中,每一个团队成员都应该意识到自己不仅有优点,还有缺点。因此,当我们由于自身的缺点而被别人批评时,我们就要直面自己的缺点,并及时改正,不要逃避,要乐于接受别人给予的批评。虽然这些做起来很难,但是只要你去做了,就会发现,接受别人的批评会让你有很大的收获。

当然,我们不仅要努力做到从"知过则改"升华到"闻过则喜",还要做到"吾日三省吾身",多从自身找找原因,即使有时候自己真的没有做错,也要学会换位思考,体现出容人的雅量,这样别人才会更加喜爱你,更加

愿意在你前进的道路上给予帮助。

英国的大文豪萧伯纳说："你我是朋友,各拿一个苹果,彼此交换,交换后仍然是一个苹果。倘若你有一种思想,彼此交流思想,那么我们每个人就有两种思想了。"因此,我们可以将"接受批评"理解为"交换思想"。

任何时候都能够接受批评,这是一种气度,一种修养,一种与人交好的表现。因此,我们应当努力做好这个于人于己都有利的事。

忍让不是窝囊,是一种得体的风度

对于忍让的最佳诠释,莫过于"韬光养晦"这个成语了。忍让不是我们大家认为的窝囊,而是一种得体的风度,做人的哲学。因为,它能有效避免自己成为出头椽子;而作为做事手段,又能出其不意地获得成功。这种心理战,是许多成功人士的"看家法宝"。

忍一时风平浪静,退一步海阔天空。能屈能伸也是忍让的一个表现,下面就为大家讲述一下韩信的故事:

韩信是大汉朝的开国功臣。他年轻时家境贫穷,他既不会溜须拍马,又不会投机取巧,更不会买卖经商,整天只会埋头研读兵书。最后,韩信连温饱都解决不了,只好背上祖传宝剑,沿街讨饭。

有一天,一个有钱的屠夫看到韩信这副寒酸迂腐的书生相,很是瞧不起,就故意当众奚落他说:"你虽然长得人高马大,又好佩刀带剑,但不过是个胆小鬼罢了。你要是不怕死,就一剑捅了我;要是怕死,就从我裤裆底下钻过去。"说罢叉开双腿,摆好姿势,等着韩信钻。

看到这种情形,很多人都围上来看韩信的笑话。韩信认真地看了看屠夫，竟然弯腰趴在地上，从屠夫裤裆下面钻了过去。街上的人顿时哄然大笑，都说韩信是个胆小鬼。韩信受辱后，忍气吞声，闭门苦读。

几年后，各地爆发起义，反抗秦王朝的统治。韩信闻风而起，仗剑从军，几经波折，最后跟随刘邦，成为汉朝的开国大将。

韩信忍受胯下之辱，而成就盖世功业，成为千秋佳话。如果他当初为争一时之气，一剑刺死了羞辱他的屠夫，那么他将被绳之以法，为一个不值得的人抵命，又怎么会有后来的功业？

"忍人之所不能忍，方能为人所不能为。"所以说，吃"眼前亏"是为了不吃更大的亏。看似英勇、心气冲天的人其实是莽夫一个；而忍气吞声、宁吃眼前亏的人，才是真正的好汉。因此，我们要记得：忍让不是窝囊，是一种得体的风度！

19世纪中叶的一系列战役中，拿破仑领导的法军大败俄军，使俄军实力大为减弱，刚登基的亚历山大一世改变这种被动现状，与拿破仑展开了新的较量。

俄国使用新的斗争策略，不是以往的正面对抗，而是采用讨好的方式，处处表现出退让的姿态，以退为进。

找到了俄国作为对付英国的助手，拿破仑很高兴。而亚历山大一世也投其所好："我和你一样痛恨英国，你对他采取措施时，我将是你的一名得力助手。"

1808年秋，拿破仑在埃尔富特邀请亚历山大进行会面。目的是以法俄两国的伟大友谊来威慑奥地利，避免两线作战。

听到这个消息，俄国宫廷满是抗议之声，所有人都在抨击亚历山大的懦弱。

亚历山大却没有听取他们的意见，鉴于俄国的实力还不够强大，他想要"造成联盟的假象以麻痹之，我们要争取时间妥善做好准备，时机一到，就从容不迫地促成拿破仑垮台"。

不顾国内抗议之声,亚历山大与拿破仑进行了会晤。有一次看戏,当女演员念《俄狄浦斯》剧中的一句台词:"和大人物结交,真是上帝恩赐的幸福"时,亚历山大居然装模作样地说:"我每天都深深感到这一点。"

1812 年,经过亚历山大不断地努力,俄国已经有对抗法国的实力了。于是,他借故挑起战争,并且一举打败了拿破仑。事后亚历山大总结经验时说:"波拿巴认为我不过是个傻瓜,可是谁笑到最后,谁才是胜利者。"这就是亚历山大"忍"的智慧!

学会韬光养晦,控制急躁心理,这无论在职场或是生意场中都是很有必要的。不让自己的一切被他人洞悉,太急于显露自己的才能和实力,只会使你过早地成为人们的竞争对手。厚积才能薄发,一旦成为强弩之末,那只能落得个被人逐出场外的下场了。

艾伦是个美术家,有位负责美术方面业务的客户特别喜欢挑毛病,总是要对他的工作进行一番指责。

有一次,艾伦送去一件作品,因为时间比较紧张,所以工艺并不是那么完美。客户看到作品后,立刻生气地打电话给艾伦,让他过来一趟。

一走进客户的办公室,艾伦就说:"先生,真是不好意思,这次的失误都在于我。因我的疏忽,而使你不愉快。我替你画了那么多年的画,居然还画不好……我觉得很惭愧!"

客户本来以为艾伦会狡辩,没想到艾伦竟然用谦虚退让的态度来道歉,于是替他分辩道:"不错,话虽然这么说,不过大致上,还不太坏……只是……"

觉得客户态度缓和了,艾伦急忙说:"不管怎么样,我的失误还是造成了一些影响,谁会看到不完美的画而满意呢?我本该加倍小心,你时常购买我的画。这样吧,这幅画我带回去,另外画一幅给你。"

这位客户摇摇头,说:"算了,没事的,虽然你这次没做好,但是我相信你的实力!"接下来,他开始赞扬艾伦,并对艾伦说,他只希望进行极小部分的修改。他又表明，这个极小的错误，对他公司的利益不会构成损失，让艾伦不必太顾虑。

在这件事上，艾伦没有过分纠缠，而是选择了退让，进行自我批评，结果让原本紧张的局势变得缓和了。最后，那位客户不但没有大发雷霆，反而请艾伦吃了一顿饭，并签付了一张支票，又给了他另外一单生意。

如果自己犯了错，还不知道退让，势必会受人鄙视；而一个能够承认自己过错的人，反而会让人敬佩。退一步承认错误，并不是卑微的表现，而是一种诚实的态度，得体的风度。

我们在面对那些容易让自己愤怒的事情时，也要学会忍让，千万不要冲动，一定要三思而后行，有句话说得好："小不忍，则乱大谋。"尤其是当面对自己的失误导致的恶果时，我们就更应该学会忍让，以此表现出得体的风度，这同时也是一种智慧。

因此，不要觉得忍让是窝囊、是自卑，它其实是为人处世中的一种方略，是化解矛盾，以退为进的有效方法。无论何时，我们都要保持谦虚忍让的态度，让自己的举止更加得体，进而赢得别人的尊重与好感。

学会控制自己的情绪

在我们的一生中，总会遇到这样或那样的小波折，它们会让你感到迷茫，甚至产生绝望的情绪。这种情绪显然不利于未来的发展，因为我们遇到的种种波折都是自然而然的事情，没有必要任情绪随之肆意发展。我们应当学会控制和调整自己的情绪，做情绪的主人，而非让情绪奴役我们。

张启发是个业务员，每天都忙于工作。可是他很不开心，因为无论自

己怎么努力，工作业绩都没有明显提高，反而还因为各种小事经常受到领导的批评。

有一天，张启发去跟一个客户谈判。谈判期间，客户的态度让张启发有些不高兴，他觉得客户是在敷衍自己。这位客户甚至在最后还说："算了，咱们别谈了。说实话，我并不信任你们公司，我觉得你们的产品不能符合我的要求。"

听到这些话，张启发愤怒了，他拍着桌子大吼道："不谈就不谈，你以为你是什么东西？你想买，我还不卖了呢！"说完，他扬长而去。

走在大街上，张启发想想刚才的事情，心情依旧平静不下来。这时，一个骑自行车的少年从他身边经过，车把不小心挂住了张启发的袖子。张启发没站稳，险些摔倒在地上。当他站稳后，看到那个少年不仅没有道歉的意思，还想要溜走，不由勃然大怒，向前追去。

几个上了年纪的路人看到后，拉住了他说道："小伙子算了吧，你也没有受伤，就别追了。路上这么多车，万一再把你碰一下怎么办啊？"

张启发不理会众人，准备继续追赶那个骑车少年。当他刚冲上马路时，迎面开来了一辆疾驰的卡车。顿时，张启发倒在了血泊之中。虽然经过抢救，张启发的命是保住了，但却成了重度残疾。

从这件事情当中，我们不难看出，张启发惨遭车祸，就在于他不知道控制情绪，最终酿成了苦果。人们常说的"冲动是魔鬼"也是这个道理，人如果控制不住冲动的情绪，往往就会做出出格的事情来。

我们看到的潮涨潮落、日出日落、月圆月缺、花开花谢这些现象，或许就是自然界表现出来的情绪。人，也是自然界的一个重要组成部分，所以，我们的情绪也会像潮水一样涨涨落落。学会控制情绪，我们才能在自然界中很好地生存下去。

一个希望成功的人，就更不能任由不良情绪随意地发展。因为一个无法控制自己情绪的人，一定也无法控制自己的人生。你的情绪要是不稳定,就会直接影响到你的心态,也会影响到你的工作效率。试想,如果你是一个老板,一大早走进公司就阴沉着脸,下属看见了做起事情来就会小心翼翼,跟着你工作就不会感到快乐。如果你是一个下属,不会控制自己情绪,还经常跟老板置气就更不妙了。

科学表明,消极情绪对我们的健康十分不利。科学家们已经发现,经常发怒和充满敌意的人很可能患上心脏病,哈佛大学曾调查了 1600 名心脏病患者,发现他们中经常焦虑、抑郁和脾气暴躁者比普通人高 3 倍。甚至,还有人因为消极的情绪而丧命。想想这是多么可怕的现象,所以学会控制情绪还是很重要的。

1936 年 9 月 7 日,纽约举行了世界台球冠军争夺赛。路易斯·福克斯是参赛选手之一,他在比赛中表现得很好,最终杀入决赛。组委会觉得他赢得冠军的希望很大,都准备为他颁奖了。

但是,决赛时发生了一件事情:轮到福克斯出杆时,一只苍蝇落在主球上了,福克斯挥手将苍蝇赶走了。

可是,就在福克斯准备再次击球时,那只苍蝇又回来了。没办法,在观众的笑声中,福克斯再一次起身驱赶苍蝇。这只讨厌的苍蝇破坏了他的情绪,而且更为糟糕的是,苍蝇好像是有意跟他作对,他一回到球台,它就又飞回到主球上来,引得周围的观众哈哈大笑。

因为这只讨厌的苍蝇,路易斯·福克斯的情绪失控了。当这只苍蝇再次出现时,他愤怒地用球杆去击打苍蝇,球杆碰到了主球,裁判判他犯规,他因此失去了一轮机会。

这次失误,使福克斯方寸大乱,开始准备好的战术全部忘记了。他的这种状态,激起了对手约翰·迪瑞的斗志,他不断努力,终于赶上并超过了福克斯,最后夺得了冠军。

人们都以为这件事情到此为止了,但是令人没有想到的是,福克斯居然因为愤怒投河自杀了!他的尸体是第二天早上被人们在河里发现的。

当时,这件事在世界上引起了巨大的轰动,因为没有人能想到,所向披靡的世界冠军竟然会败在一只小小的苍蝇身上。更没有人能想到,福克斯会因为一次愤怒,走上死亡的道路。

无论做什么事情,我们都必须学会控制自己的情绪,冷却心中的那份急躁。我们应当拥有自我控制的意识。其实,控制情绪并不是很难的事情,只要平时好好注意,找一个正确的方法来平复自己的急躁,这样就可以很好地驾驭自己的情绪了。

虽然,我们说起这个道理时头头是道,但遇到具体事情时,还是很难控制自己的情绪。有一些人虽然在遇事时沉默不语,但心情却很忧郁。他们同样也在封闭的世界中制造"混乱",这种情绪也是需要我们去控制的。

那些被情绪所控制的人都是弱者,真正的强者是去主动控制自己的情绪。比如,当你遭遇到别人的批评时,不要觉得无地自容。如果别人的批评是对的,你就不要急躁、生气,而是要耐心地听取批评,改掉自己的不足,这样就可以避免许多不必要的麻烦。所以,当你学会控制自己的情绪时,你就会发现,很多事情并不是那么糟糕,并且你也会给他人留下一个美好的印象。

骄傲自满是自负的源泉

自信是成功的推动器,自负是成功的绊脚石。它们的区别就在于,自信是对自己的一种基于现实的自我肯定、自我激励,而自负就是明显的脱离实际。自负的人往往把自己看得很重,在他们的视野内,自己就是最优秀的,别人都不算什么。的确,那些自负的人大多很有才华,但是自负的心理很容易使他们陷入故步自封的境地，最终使自己走向失败的道路。

许多自负的人是曾有过很大贡献的人，但他们往往认为自己的功勋卓著，听不进别人的意见。恃才傲物就是他们的特征，他们自视甚高，不屑与别人交流，自我满足，最后难免出现悲剧性的结局。

爱迪生年轻的时候，是一个非常谦虚、自信的人，因此取得了许多令人赞叹的成就。而且，他非常善于听取别人的意见，即使在自己已经取得了很高的成就时，他也经常听取助手的意见。

爱迪生一生拥有 1093 项专利，被称为当代的"发明大王"。

但是到了晚年，爱迪生慢慢地丢失了自己这份谦虚的态度。他经常对自己的助手说："不要向我建议什么，任何高明的建议也超越不了我的思维。"结果可想而知，助手们纷纷离开他，他也再没有取得什么大的成就。

另外，爱迪生觉得自己的成就已经很高了，就一改早年埋头于实验的做法，觉得自己不需要埋头苦干就能发明创造。可是在之后的岁月里，他不仅没有什么发明，还把自己一手创办的企业卖给了摩根。这就是骄傲自满在一个大发明家身上起的作用，没有了谦逊的态度，踏实的作风，整天自负的很，即使是很有天赋的人也会停滞不前。

现实中，这样的例子还有很多。这些自负的人心比天高、目空一切，自以为很了不起，从不抬起眼皮看人，对别人吹毛求疵、冷嘲热讽，觉得别人什么都不如自己。持这样心态的人容易安于现状，通常不会取得更好的成就。

看看我们的偶像林书豪吧，在获得了巨大的成功后，他成为了各个体育用品品牌青睐的对象，各种广告合约纷至沓来。然而林书豪却并没有动心，因为他知道自己要学的东西还有很多，自己离"功成名就"还有很远。所以，他选择继续低调地练球，而不是将自己放在"明星"的位置上。这种态度，自然会为他赢得更多的掌声。

陈冬是个不可多得的人才，他精明能干，学识渊博，工作经验丰富。但

与此同时,他却常常恃才傲物,动不动就与他人发生口角,而且非常喜欢炫耀自己,同事们对他的种种自负行为很是反感。

有一次,公司调来了一位新主管。在新主管主持的首次会议上,他将一个项目的主要负责工作交给了另一位同事,而陈冬只负责一些无关紧要的工作。陈冬觉得自己这么有才竟然得不到重用,简直是莫名其妙,于是他和主管大吵了一架。

像陈冬这样恃才自负的人,是不会与同事们和平相处的,而且他又不服从管理,可想而知,到最后,陈冬被公司解雇了。

年轻人如果有自负心理的话,势必会在自己的人生路上摔跟头。而那些真正的成功人士则会采取谦虚的态度,严以律己,礼貌待人。下面这个故事讲的就是一个成功人士,在遭遇下属的批评时,所采取的态度。

纽约《太阳时报》的前主编丹诺先生有一个长期的习惯,那就是在审稿时,会把自己比较欣赏的段落用红笔勾出,以此作为标志。而排版人员看到此标志就会明白:"这是主编的意思。"

有一天,一位年轻的排版员在读稿时发现有一段话被丹诺主编标记了下来。这段话是:"本报读者雷维特先生送给报社一个很大的红苹果,在那通红美丽的皮上有一排黄色的字,仔细一看,原来是我们主笔的名字。这真是一个人工栽培的奇迹!在一个光滑完整的苹果上,是如何刻上这样整齐而有光泽的字的呢?我们在惊奇之余,虽经多方猜测,但却始终没有搞明白这些神奇的字迹是如何出现在苹果上的。"

这段文字让年轻的排版员觉得很可笑,因为他知道,这些苹果皮上的字迹是如何"创造"的。其实方法很简单,那就是在苹果尚未完全成熟时,用纸剪成字形贴在苹果上,苹果被纸盖住的部分由于接收不到光照,所以成熟较慢,而没被纸盖住的部分受到了正常的光照,所以发育较快,等苹果发育成熟变红时,将纸揭去,字迹自然就留在苹果上了。

这位年轻的排版员想,如果刊登这段文字,一定会受到相关专家和读者嘲笑的，他们会觉得《太阳时报》什么都不懂，竟发出幼稚的疑问。

于是，这个排版员自作主张，将这段文字删除了。第二天早上，丹诺先生找到了这个年轻的排版员，愤怒地质问他："谁允许你删除那段文字的？昨天原稿中有一篇我用红笔勾出的关于'奇异苹果'的文章，为什么被你删掉了？难道你没看见我做出了标注吗？"

看到主编如此生气，年轻的排版员慌了神，于是急忙将原因解释给丹诺先生听。

听完下属的话，丹诺先生沉思了片刻，然后十分诚挚和蔼地道歉道："原来如此！对不起，是我错怪你了，我向你道歉。这件事你做得十分正确，以后只要有确切可靠的理由，即使我已用红笔勾出，你仍然可以自行决定是否删掉。"

丹诺先生的话，让年轻人大受感动，他说："真没想到丹诺先生是一个度量如此大的领导！难怪他能成为主编，果然比普通人要厉害得多！"这就是一个成功人士之所以成功的道理，大凡有作为的人一般都会将谦虚谨慎作为自己的一个处世准则，丹诺先生也不例外。

一个领导，如果能够虚心接受下属的批评，并对下属说出道歉的话，就已经是一个很不错的领导了。大方地向下属说出自己的失误，这不仅是一个领导者应有的素质，更是一种难得的优秀品质。没有这种素质和品质，你就很难成为一个受人敬仰、取得更高成就的领导。

一个人一旦骄傲自满起来，注定会使自己吃亏。人贵有自知之明，盲目自大自负，对己有害无益，对人对事有损无补。骄傲自满就如同人生路途中的一处暗礁，一旦养成了恶习，那成功的愿望便会触礁，人生的航船也将沉没。骄傲的人，其实是无知的人，他们不懂自己只是沧海一粟……

所以，我们应当谨记：自信是成功的助燃剂，自负是成功的刽子手。而自信与自负只有一字之差，骄傲自满则是自负的根源，只有摒弃骄傲自满的坏习惯，我们才会在通往成功的道路上少走弯路。

舍弃虚荣，不做无谓的面子之争

世界名著《飘》的作者玛格丽特·米契尔曾说过："直到你失去了名誉以后，你才会知道这玩意儿有多累赘，才会知道真正的自由是什么。"

面对纷繁复杂的现实世界，很多人都会迷失心智，盲目地追求那些看不见、摸不着的虚名。心中的贪婪让我们"舍不得"，结果反而给自己留下了许多的灾难和遗憾。所以，我们应当舍弃虚名，不做无谓的面子之争，让自己活得更加轻松、自在、有意义。

追求虚名只会导致我们的心态失衡。盛名之下，必有一颗活得很累很累的心，因为这颗心只是在为别人而活。与此同时，虚名还会使人放弃努力，停留在自己已经取得的荣誉之上，安于现状，终将一事无成。就好像从小就被"神童"之名笼罩的方仲永，只知道追求虚名，而忘记了刻苦学习，最终天赋、才能消尽，一生平庸无为。

知道阿波罗号登陆月球的人，自然也就会想到第一个登上月球的人阿姆斯特朗。然而，很多人都忘了，第一次登月人，除了阿姆斯特朗还有他的同伴奥德伦。

登月计划成功之后，几乎所有的荣誉都被阿姆斯特朗一个人占有了，因为那句影响世界的经典语言"这是我的一小步，更是全人类的一大步"是出自他之口。于是，在庆祝成功登陆月球的记者会中，有一个记者突然向奥德伦问了一个很敏感的问题："由阿姆斯特朗先下去，成为登陆月球的第一个人，你会不会觉得有点儿遗憾？"

现场的气氛随着这句问话而尴尬起来了。奥德伦没有为自己争辩，而是很有风度地回答："各位，千万别忘了，回到地球时，我可是最先出太空舱的。"他笑着环顾四周，"所以我是由别的星球来到地球的第一个人。"大家在笑声中，给予了他最热烈的掌声。奥德伦没有因追求虚名而快快不快，而是用自己的幽默和智慧表明了个人的修养，也赢得了人们的尊敬。

奥德伦内心愉悦的重要原因就是，他舍得虚名，不争面子。而有的人取得荣誉之后，就不顾自己的实际，拼死拼活地要维护自己的名誉。这样的结果，就是自己为了荣誉每天都活得很累，更谈不上什么快乐。

世界著名的长跑冠军哈里，非常在意自己在公众心目中的形象。他在得了胃病后，不愿告诉他人，也不及时进行诊治，将病情当成秘密一样严守着，唯恐自己给人留下一个弱者的印象。

有一天，哈里终于再也挺不住了，被家人送到医院。可3天后他便离开了人世。主治医生说他不是死于劳累，而是被自己的名气累死的。如果不为虚名，及时就医，哈里也不会早早地离开人世。

有的人为虚名所累，丢掉了宝贵的生命，有的人为虚名所累，活得不见天日，都是虚名惹的祸。所以，面对荣誉，我们应该保持清醒的头脑，维护内心的平静，不能被荣誉所累，不能被荣誉打垮，不然早晚会自食其果。

明代还初道人洪应明所著的《菜根谭》之中有这样一句话："此身常在闲处，荣辱得失谁能差遣我；此身常在静中，是非利害谁能瞒昧我。"意思是说：经常把自己的身心放在安闲的环境中，世间所有的荣华富贵和成败得失都无法左右我；经常把自己的身心放在清净的环境中，世间的功名利禄和是是非非就不能欺骗蒙蔽我。不得不承认，古人的智慧和追求确实值得后人去思考、去学习。

我国著名学者季羡林先生，曾任北京大学副校长，他才高八斗，学富五车，可谓博古通今。可季羡林先生从不骄傲自满，在乎虚名，反而将这些看得非常平淡。

在北大，有这样一则显示季羡林先生人格魅力的小故事：

有一年9月，新学期开始了，大批学子从天南地北赶到北大。这其中有一个外地的农村学子，他背着大包小包的行李，显得很吃力的样子，不一会儿就累得气喘吁吁了，于是他就把自己的行李放在路边休息一下。

为了不耽误报到，这个农村孩子就想找一个人来帮自己看东西，自己轻装简行地去报名。但是，看了半天，他发现过来的不是学生就是学生的家长。人们都行色匆匆地为报到的事情而忙碌，没有人有时间帮他看行李。

看着这些行李，这个学生不由叹了口气。正在这时，路边走来一个老大爷。这位老大爷走路比较慢，看起来比较悠闲，不像是要赶路的样子。于是，这个农村学生就带着试一试的心情去拜托这位老大爷帮自己看一下行李。

当他刚说完此事，老大爷就爽快地答应了，这让这位学生很惊喜。学生感激了半天，就去办理入学手续了。因为当天北大的新生很多，所以，他花了两个小时才办完了入学手续。

办完手续，这位学生急忙回到了放行李的地方。令他吃惊的是，自己离开了两个多小时，那位老大爷还在尽职尽责地帮自己看行李，他非常感动，对老大爷说了很多感谢的话。老大爷应答了几句，然后就笑着走了。

在第二天的开学典礼上，这位学生突然发现，原来昨天帮自己看行李的那个老大爷就是北大的副校长——季羡林教授。

从这以后，这位学生将季羡林先生当成了自己一生的偶像。我想不仅是这位学生，任何看过这个故事的人都会对季羡林先生肃然起敬的。

季羡林先生有句名言："人的一切要合乎科学规律，顺其自然，最主要的是要多做点儿有益的事。"虽然季羡林先生是大学者，更是懂得人生智慧的人，但是，他一生都非常反感类似于"学术泰斗"、"学贯中西"之类的称号，总认为自己是一个很平凡的人。

试想，倘若季羡林先生在学生面前摆出一副"副校长"的姿态，那么他的面子的确有了，但在那个急于寻求帮助的农村学生的眼里，他的形象又会是什么样子呢？正是因为懂得舍弃虚荣，季羡林先生才能够桃李满天下，才能够赢得全中国人的尊重。

虽然，面子对一个人而言很重要，但是为了面子而使自己受委屈，那就是"死要面子活受罪"了。舍弃虚名，不做无谓的面子之争，你会发现自己的心境顿时豁然开朗，同时也会在前进的道路上有新的收获。

第八课
助攻别人，当你使周边的人更闪耀时，他们会更喜爱你

　　如果你能给身边的人也添光加彩，那么他们将一直喜欢你。之前，没有人知道史蒂夫·诺瓦克的三分球有多厉害，直到看到他和林书豪一起打球。而这也是尼克斯队的战绩突飞猛进的原因之一。当媒体簇拥在身边时，林书豪总是告诉他们自己的队友是多么的优秀，看看吧，这就是领袖的魅力。

这不是一个个人英雄主义的时代

有人说，在这个世界上，每个人都是一座孤岛，原因就在于每个人都只懂得在自己的世界中存活，而不懂得跨过那片紧紧相邻的海域。是啊，如果我们一直就是这样固守着一个人的生活，不懂得与人交往的话，那么就永远都只能是茫茫大海中的一隅，守着沧海到老。

醒醒吧，年轻人！如果你仍然沉浸在单枪匹马打天下的美丽幻想当中，那你一定是好莱坞大片看得太多了。现在早已经不是个人英雄主义至上的时代了，蜘蛛侠会告诉你"能力越大，责任越大"，但却没办法让那只神奇的小蜘蛛也来咬你一口，让你也拥有像他那样的超能力。我们都是普通人，只有当你帮助别人，成就别人时，你才更有力量。

篮球是一项团队运动，如果一名球员不懂得团队协作的重要性，那么无论他的个人能力有多强，也无法让自己的球队持续不断地获胜。上世纪50年代末60年代初，NBA巨星威尔特·张伯伦惊才绝艳，他在个人数据上所取得的成就只有后来的篮球之神迈克尔·乔丹可以匹敌。单场100分，单赛季场均50.3分，单场55个篮板，单赛季场均27.2个篮板，这些由张伯伦保持的纪录，后人几乎是不可能打破的。

不过就在张伯伦凭借个人能力在联盟当中扬名的时候，每一年的NBA总冠军却总是落在比尔·拉塞尔率领的波士顿凯尔特人队的手中。拉塞尔被认为在防守和篮板方面是一个堪与张伯伦相匹敌的天才，但是在进攻方面，拉塞尔与张伯伦相比简直就像一个低能儿。但即便如此，拉塞尔的历史评价仍然在张伯伦之上，这不仅仅因为拉塞尔手中有多达11

枚的 NBA 总冠军戒指，更因为他是一个完美的团队球员，他可以让周围的队友变得更好。

林书豪同样不是一个自私的球员。林书豪在场上司职控球后卫，串联球队、组织进攻、助攻队友得分是组织后卫的职责。众所周知，林书豪拥有相当杰出的个人得分能力，这从他在与科比的直接对垒时狂揽 38 分之中可见一斑，但其实，林书豪的组织能力要比他的得分能力更加出色。

要知道，林书豪崛起之后，纽约尼克斯队的 7 连胜是在他们的两位超级明星阿玛雷·斯塔德迈尔和卡梅隆·安东尼缺席的情况下取得的。围绕在林书豪周围的，全是一些普通得不能再普通的队友，而林书豪则是他们的领袖，林书豪用自己的领导力将这些队友紧紧地团结成了一个集体，用自己极具大局观的传球让每一位在场的队友获益，这就是林书豪带队不断获得胜利的秘诀。在林书豪崛起之后，他的那些原本籍籍无名的队友，兰德里·菲尔兹、伊曼·香波特、贾来德·杰弗里斯、史蒂夫·诺瓦克同样也成了球迷们口中津津乐道的球星。

任何一支球队的成功都有赖于球员们亲密无间的团结协作；任何一个球员的成功，也绝对离不开他所身处的那支球队。由此可见，一个成熟而又和谐的团队可以让我们的才华得到最大限度的发挥，只有这样我们才能最大限度地发挥自己的能力，实现自己的理想。那些有关个人英雄主义的美好幻想都只会让我们陷入威尔特·张伯伦那样的窘境之中，一个数据统计完全无法与他相提并论的人，却在成就和历史地位上超过了他。

在如今这个强强合作的社会中，再也不会是你一个人行走的"江湖"了。毕竟社会这片"江湖"有深有浅，变幻莫测，想要一个人获胜，几率可以说是微乎其微。所以，想要打出自己的天下，就应该找准那个与自己结伴而行的人，让寂寞的孤岛也能开出美丽的花。

每个人都知道，是比尔·盖茨创立了微软公司，可是真正说服盖茨进行自主创业的，却是他的高中同学——保罗·艾伦。微软公司创立后，保

罗·艾伦一直担任比尔·盖茨的副手。事实上,微软公司的很多重大决策都是由艾伦牵头做出的,其中就包括那笔著名的以 5900 万美元买下 QDOS 操作系统的投资。虽然保罗·艾伦的决策和投资常常会以失败而告终,但有人说,没有保罗·艾伦,就不会有微软公司,但如果不是有盖茨,艾伦也许连为自己的失误买单的钱都不可能有。保罗·艾伦与比尔·盖茨这两个商界的天才人物形成了一个默契的团队,这两个分别在福布斯排行榜上名列前十的超级富豪就是这样互相促进着对方的发展,互相决定着对方的未来。

众所周知,比尔·盖茨是一个计算机技术的天才,但这个开创了 Windows 视窗的软件精英,在公司管理方面却显得手足无措,于是他邀请了自己在哈佛大学的同学史蒂夫·鲍尔默加入微软,负责公司管理和销售方面的工作。史蒂夫·鲍尔默是个犹太人,就像世人对犹太人的评价一样,他是个天生的管理者和商人。和比尔·盖茨相比,鲍尔默则显得更加随意和开朗。外界评价说,尽管微软在业界拥有霸主的声望,但是鲍尔默希望公司的形象能在企业界显得更加亲善化。有媒体分析,正是鲍尔默的性格决定了微软形象的转变。鲍尔默 1980 年加入微软,至今已经在微软工作了30 多年,他始终是盖茨最得力的助手,没有他的管理和销售手段,同样也不会有如今盖茨和微软的成功。而现如今,盖茨已经退休了,他把微软公司交到了鲍尔默的手中,鲍尔默也得到了在微软这个平台上,进一步施展自己才华的空间。

就连比尔·盖茨这样的天才都需要依靠自己身边忠实的团队和不同类型的人才才能取得如今的成功,这就是团队协作的意义,这就是团队力量的所在。比尔·盖茨能够尽情地施展自己的才华,取得如今的成功,就是得益于他的助手和团队给他的帮助和支持。

微软创始人比尔·盖茨曾是无数人心中的偶像和奋斗目标,他的名字已经成了成功人士的代名词。毫无疑问,比尔·盖茨绝对是一个聪明绝顶的人物,但是他能够取得今天这样的成就,成为名满天下的企业家,同样得益于他身处的团队。如果不是拥有如此优秀的团队,比尔·盖茨绝对不可能取得今天的成就,微软公司也绝对不可能有今天这样的规模。

所以,要想在如今这个日益发达的高效时代生存,那么你永远不应该独行,因为这本身就不是一个只为个人独展绝技的舞台。要知道,一个人的力量毕竟是有限的,一个人用尽100%的力量也比不过两个人各出60%的力气。还等什么呢?助攻你的队友,与你的团队一起走向成功的彼岸吧!

个人的力量是有限的,团队的力量是无穷的

有谁敢大声地宣称:"我是一个十全十美、全能的人!"相信没有在一个正常状态下的人敢这么说。

也就是说,不管多么美丽的风景,都会有让人不满意的地方。人也如此,一点瑕疵都没有的人是不存在的。其实,每个人的能力往往都只是局限于某一个领域,即便再强的人也只会在某几个有限的领域里有所建树。没有谁会成为一个全能的人,一人独揽所有的事情,就像林书豪打球也只是主打控球后卫,他一个人再优秀也不可能够掌控全场。因为,单枪匹马的时代已经结束了,我们要学会借助团队的力量,这样才会取得更好的成绩。

中国富豪排行榜上,曾经出现过"刘家四兄弟"连续多年雄踞三甲的神话。从1999年到2001年,美国《福布斯》杂志连续3年把中国四川的刘氏兄弟刘永言、刘永行、刘永美、刘永好评为中国大陆富豪的第二名。

刘氏兄弟创办的"希望"集团创造的神话有:中国500家最大私营企

业第一名,全国民营企业技工贸总收入百强第一名,中国最大私营制造企业百强第一名,中国饲料工业百强第一名,国家级星火示范企业等。

刘氏四兄弟为何能够创造出如此惊人的财富神话呢？大哥刘永言觉得：家族式的企业是企业发展很有效的一种方式,因为经营者对企业资产是高度负责的,是不会乱花钱的,中国这几年出现贬低家族企业的趋向,也是有失偏颇的。家族企业并不是一种落后的形式,它是企业发展的最为普遍、最为有效的方式。

在改革开放初期,四兄弟就集体辞职,毅然回到农村,合伙养起了鹌鹑,鹌鹑蛋将他们的 1000 元孵成 1000 万元。1989 年,他们共同研制出新型的希望牌猪饲料,然后靠它又一次把家族企业发展壮大。

兄弟四人团结合作,共同创造了刘氏家业。老大刘永言是决策核心,养鹌鹑就是他的主意。当兄弟四人在第二年遭到一次重大挫折时,老大铁了心要搞下去,才使灰心的弟弟恢复信心。老二刘永行精于技术和管理,是经营主心骨。老四刘永好能说会道,负责跑供销。也就是说,他们相互依赖,互为后盾,最终才使事业越做越大,创造了令世人瞩目的财富神话。

刘永好四兄弟的故事告诉我们:团结的力量是最大的,就像歌词唱的那样"一根筷子轻轻被折断,十双筷子牢牢抱成团",众人的力量是伟大的,也是超乎想象的。

世界潜能大师陈安之说"成功靠别人而不是靠自己"。他认为成功有3 个因素:帮成功者工作、与成功者合作、请成功者为你工作。如果你掌握了这 3 项因素,那么就会推动你成功的脚步。

成功之路不是一个人去蛮干。因为,没有人能够凭借一己之力就顶起一片天的,善于借助别人的力量和智慧,多倾听别人的想法的人才更容易取得成功。

香港富豪界的传奇人物李兆基,正是通过与别人合伙,相互借力,才赢得了属于自己的成功。

1958 年，李兆基满心抱负，投身商界。但是，他知道自己一个人的能力有限，就与两名好友郭得胜和冯景禧，共同组建了永业企业公司，开始向地产业进军。

他们三人的结盟，被业界称之为香港版"桃园三结义"。他们虽然没有像刘关张三人那样起誓结义，却也在香港商场上留下了一段好朋友同心协力共创大业的佳话。3 个人当中，李兆基最年轻，却足智多谋，反应敏捷；郭得胜年龄最长，经验丰富，做事老练；冯景禧居中，精通财务，擅长证券交易，可以说是各有所长。

公司成立后，接手的第一桩生意是购入沙田酒店。他们以低价收购那些富有发展潜力的地皮，重建物业出售，采用的"分层出售，分期付款"的推销方式也颇受市民欢迎，结果效益显著。

就这样，"永业"初涉地产便一炮打响，站稳了脚跟，郭、李、冯声名大震，得到了"三剑侠"的赞誉，而李兆基因为年龄最小，被称为"地产小侠"。他们的成功就在于，相互合作，各展所长。

由此可见，学会合作，懂得合作，这无疑让你的事业脱离了"蒸汽时代"，直接迈入高速的"电气化"阶段。在今天这个全球经济一体化的时代，团结共赢尤为重要。而投身商海的人必须具备与不同肤色、不同文化、不同信仰、不同价值观、不同生活方式的人合作的能力，这样，企业文化才能得到充实，企业的综合实力才能得到扩充。这些能力，是一个人掌握不了的，需要与人合作，借助别人的力量，这样事业才会越做越好。

中国电器销售的龙头苏宁电器之所以辉煌，与其总裁张近东有着密不可分的关系。随着越来越多的国外家电企业跨入中国市场，中国家电企业开始有危机感，但张近东却说："苏宁欢迎外来竞争，苏宁的目标不变，那就是要做中国本土的、立得住叫得响的商业品牌。"

张近东的这份自信是从哪里来的呢？原来，苏宁最大的优势就是与生产企业合作多年建立起来的人脉关系。中国目前已经成为世界上最大的

电器制造基地,所以在供应链方面具有很大的优势,由于是本土企业,所用服务成本相对低了不少。

最重要的是,苏宁与国内的家电生产厂商合作多年,相互了解,彼此也建立了深厚的友谊。因此,张近东多次表示:苏宁能成功,就在于身后的家电厂商宛如大树一般在庇护自己。

当然,张近东与生产企业的深厚友谊,也非一朝一夕建立的。张近东只要有时间,就会亲自参加在国内各品牌一年一度的经销商会议,尽管大多数的经销商会议本质上只是一个碰头联谊会。张近东曾经坦言:"其实我现在已经不负责具体业务了,去了并不一定解决什么问题。但如果企业一定要我去捧场,或者认为我在会好一点儿,那我一定会到场。"看到张近东的种种表现,相信大家明白了他的企业为什么会得到那么多相关企业帮助了吧。

不管你在干多大的事业,你都要懂得:事业的成功,关键在于自己奋斗,但也离不开别人的栽培,因为这样可以避免我们走太多的弯路。若能得到贵人的扶助,那么你接下来的路就会平坦许多。因此,当外力出现之时,你一定要将其牢牢把握。个人的力量是有限的,唯有团结的力量才是无穷的!

别让自己凌驾在团队之上

看过足球比赛的人都知道,在足球场上,后腰尽量不能跑到边锋的活动区域,后卫不能随便挤占前锋的位置,尤其是守门员更是不能擅离职守。球场上的每个队员都必须互相配合,给同伴最大的支持。

不仅仅是踢球，做任何事情都是一样的——团队合作才能达到更好的效果。因为，人不是静止的事物，人与人的合作也并不是人力的简单相加，团结合作往往能产生神奇的能量，这种能量使我们相互推动，进而达到事半功倍的效果。

世界上没有十全十美的人，但是却可能形成完美的团队，关键是我们如何在团队中成长，能不能把团队利益、荣誉放在个人利益、荣誉之上。也就是说，我们要做到：别让自己凌驾于团队之上。

20世纪90年代的丽水，山多、道路崎岖，甚至有的地方连路都找不到。而中国联通浙江分公司却想要在丽水修建一座新的通信基站，可是，这些不利条件却给通信网络的建设带来了极大不便。

筹建之初，为了找到合适的建设地点，丽水联通的员工跋山涉水，不放过任何一个地方。建设的过程中，员工们还要自己扛着水泥杆上山，8个人一天才能竖起一根杆。

虽然工作很累，但没有人喊一声累，因此建设任务也很快完成了。丽水虽地处浙江的西南山区，经济相对落后，但是丽水联通的用户市场份额及资产报酬率在浙江省内都名列前茅。2002年，丽水联通在联通全国的各分公司中，利润名列第一、通信业务收入名列第二。不仅如此，2002年，丽水联通还率先在全省完成了CDMA手机的销售任务。

浙江联通朱评总经理曾对丽水联通有过这样的评价：丽水联通是很出色的，年轻的党员在这个集体里有非常大的带头作用，这是一个非常好的团队。好的团队，才能出好的成绩，这是一个真理。

集体的力量对于一个公司的成功是起很大作用的，那种"只顾自己，不顾集体"的员工，是不受老板和同事的欢迎的。因为，个人好比大海里面的一滴水，离开大海很快就会干涸了。当团队为我们提供了施展自己才华的机会时，作为团队的一员，"团队提前，自我退后"就是我们要时刻铭记于心的职责和使命。只有谨记这个道理，我们才不会在做出成绩时骄傲自

大,才不至于将个人凌驾于团队之上。

乔致庸,可以说是晋商中的一个传奇人物。他之所以能取得成功,与其懂得如何联络人才有着直接的关系。

乔致庸建立大德丰票号,开启了一个新的发展平台。他很注重用人,提倡"不拘一格用人才"。而在乔致庸破格重用的人才中,最具有戏剧性的要数阎维藩。

阎维藩原为平遥蔚长厚票号福州分庄经理,与武官恩寿私交甚密。当恩寿为升迁需要银两时,阎自行做主为恩寿垫支白银10万两。后来,阎维藩被人告发,并受到总号斥责。后恩寿擢升汉口将军,几年之内不仅归还了借蔚长厚的银两,还为票号开拓了业务。但阎维藩因曾经受到排挤和总号斥责,不愿再在蔚长厚干,就决定返乡另谋他就。

乔致庸闻知此事,立刻派自己的儿子乔景仪在途中迎接阎维藩。其子乔景仪等人一连等了几天,才等到阎维藩。回乡的途中,原本士气低落的阎维藩见乔景仪盛情迎接,得知乔致庸对他的重看,阎维藩感动不已,决定为乔致庸效力。

乔景仪遵从父命请阎维藩乘轿,自己骑马驱驰左右。阎维藩觉到乔家如此敬他,十分难得,自己也应自谦,最后相让不下,阎维藩只好把衣帽放在轿内,算是代他坐轿,本人则与少东家乔景仪并马而行。

当阎维藩来到乔致庸的宅院前,发现乔致庸早已在家门口等候多时。乔致庸亲自把阎维藩迎入屋内,像老朋友般嘘寒问暖,又摆下丰盛的宴席款待阎维藩,极尽东家之谊。乔致庸观察阎维藩,见他谈起票号业务,如数家珍。两人越谈越投机,乔家当场聘阎维藩出任乔家大德恒票号大掌柜。

乔致庸的热情款待与推心置腹,让阎维藩大为感动,决心报答乔家知遇之恩,愿为乔家商业鞠躬尽瘁。从此,阎维藩主持大德恒票号长达26年。由于阎维藩善于经营,大德恒票号业务繁荣昌盛。每逢账期,每股分红能达到一万两左右。

由于阎维藩主持有方，大德恒票号经历甲午战争、义和团运动、庚子事件、辛亥革命等社会动荡，都能化险为夷。乔致庸的慧眼识人才，让他的事业飞速发展。而阎维藩也不居功自傲，没有将自己凌驾于大德恒票号这个团队之上，而是尽心竭力地为票号出力，也赢得了自己的发展机会。

阎维藩的发展在于他虚心不自负，注重乔致庸交给他的那个团队，而乔致庸之所以可以成为晋商中的翘楚，关键也在于他身为老板，却并没有凌驾于团队之上，而是成为团队的一份子，这样他的下属就感到了温暖，感到了一种被信任。在这样一个团队中，个人哪有不进步、不发展、不成功的道理？

美国前通用电气公司总裁杰克·韦尔奇也曾说："我的成功，10%是靠我个人旺盛无比的进取心，而90%是依仗着我的那支强有力的团队。"

相反，如果团队中的每一个人都有自己的小算盘，将自己的利益放在最前面，从而不顾整个团队的利益，不但是会导致整个团队的失败，连自己也会输得一败涂地！

多为别人考虑，自己也有收获

李嘉诚有一句名言："我从不喜欢锦上添花，我只会雪中送炭，做一个雪中送炭的人，交所有雪中送炭的朋友。"的确，真正的强者是乐于助人的人，而不是在别人危急的关头落井下石的人。

真正成功的人，是那些凭着一颗善良的心，去做自己应该做的事的人。他们不会把个人利益放在首位，而是在别人危难的时候要帮人一把，给人雪中送炭。他们在多为别人考虑的同时，自己也会有所收获。

如果能做到一点,当你在别人处于困境时,给予他帮助,而当你处在危难时期的时候,他也会加倍地回报。当然,我们每一个人去帮助别人时是没有希求别人回报的,但是人是有感情的动物,别人不可能对你的帮助毫不感恩,这也是"好人会有好报"的道理吧。

不管是在商界,还是在生活当中,我们都要有这种"多为别人考虑"的心。人生在世,没有一帆风顺,总会有许许多多的艰难与困苦。当你走投无路时,自然会特别感激帮助你开辟另一条道路的人。所以,当别人处于危难时,你也要学会真心地去帮助,这样世间才会多一份温情,我们才会多一份幸福。

郭培在一家电脑公司工作,她因为工作能力好,又待人和蔼,很受同事的喜爱。但是,她不知道为什么,同事郑艳红对她十分不友好,而且郑艳红对她的态度也相当冷漠。

郭培怕同事之间这种情况影响工作,就决心改变这种状况。有一天,部门经理因为有急事找郑艳红,想要询问她一份合同是否做好了。可这个时候恰好郑艳红出去办私事,临走的时候只和旁边的另一位同事说了一声,可那位同事刚好又上洗手间了,而经理十分着急要那份合同,因此对郑艳红很不满。

看到经理发了脾气,办公室里顿时鸦雀无声。这个时候,郭培突然站了起来,说道:"经理,郑艳红今天似乎身体不舒服,她去了洗手间,一会儿我给她打个电话,帮您把文件送过去。"

经理走后,郭培立刻给郑艳红打电话,听到郑艳红仍然用十分不屑的语气同她讲话,郭培只问道:"合同在哪里,经理现在正在要。"郑艳红这才想起了今天忘记把合同的事情交代给同事了,立刻和郭培说清楚合同放在哪里,并且"拜托"她帮忙送过去。得到答复后,郭培及时将资料送到经理手上,经理对郑艳红的事情也就没有追究。

当郑艳红匆匆赶了回来后,她看到郭培给了自己一个灿烂的微笑。郑艳红感到很尴尬，也给了郭培一个微笑。就这样，两人的关系得到了缓和。

这件事后，郭培和郑艳红不但十分友好，甚至在工作上郑艳红也会主动帮助她。后来，两人都成了企业的中级领导，郑艳红多次表示，如果没有郭培的帮助，也许现在自己早已失业。郑艳红非常感激郭培，认为郭培是一个非常值得交往的朋友。如果不是当时郭培为郑艳红考虑了一下，她们不仅不会结下友谊，而且还会像以前那样影响彼此的工作。

当你帮助别人时，别人会对你产生感恩之心，从而自己也会得到意外的收获。一个经常帮助同事的人，自然会受到同事的喜爱，做起工作来也会得心应手。正如对抗激烈的篮球场，林书豪不仅自己频频刷新得分刀录，还不断突破助攻纪录，这样才让球队的获胜几率大大增加。

虽然，职场中的竞争很激烈，但是这种竞争不是你死我活的水火不容。在职场中，我们千万不要有置人于死地这种心思，当同事遇到了困难，我们能够及时给予帮助和关心，这无疑是"雪中送炭"。所谓"得道多助，失道寡助"，在以后你遇到困难时，同事同样也会帮助你。

你的能力会被团队放大

合作是发挥团队优势的开始，是所有组合式努力的最佳形式。美国著名实业家亨利·福特曾经说过："相聚，是开始；团结，是进步；合作，则是成功。"从个人到集体，这要求我们有合作意识，因为"聚沙成塔"的力量是巨大的。所以，我们年轻人，千万不要骄傲自大，觉得自己在团队中很了不起，而忽略了团体的力量。

我们要有"从我到我们再到我"的心态，把"小我"融入团体合作之中，

合作互补,团结协作,这样才能最大限度地发挥"大我"的力量。而此时,你的能力在团队合作中也会被无形地放大。

"团队合作"的重要性在沃尔玛的招聘中得到了充分的体现。当年,沃尔玛公司招聘高级管理人才的消息一传出来,报名人数一下子就突破了3000。

最后,在数千个应聘者中,只有9人进入了复试。虽然人事主管对他们都很满意,但此次招聘只能留下3个人,于是,人事主管给大家出了最后一道题:

将这9个人随机分成甲、乙、丙3组,每组3个人,这3组根据甲、乙、丙的顺序分别去调查本市婴儿、妇女、老年人用品市场。限期一周,每人上交一份详尽的市场调查报告,然后人事主管就会宣布最终的招聘结果。

这9个人都想知道为什么要举行这样的考试,人事主管解释道:"我们录取的人是用来开发市场的,所以,你们必须对市场有敏锐的观察力。让大家调查这些行业,是想看看大家对一个新行业的适应能力。每个小组的成员务必全力以赴!为避免大家感到无从下手进而盲目开展调查,我已经叫秘书准备了一份相关行业的资料,走的时候请你们到秘书那里去取!"

听到这些,各小组都积极投入了工作。一周后,他们各自都完成了任务。人事主管只粗略地浏览了一下他们的调查报告后,便走向丙组的3个人,分别与之握手,并祝贺道:"恭喜3位加入沃尔玛,从现在起,我们已经是同事了!"

看着还在迷惑不解之中的另外两组,人事主管笑了笑说:"请你们打开我叫秘书给你们的资料,互相看看。"原来,每组3个候选人的资料都不相同。甲组的3个人得到的,分别是本市婴儿用品市场过去、现在和将来的分析,其他两组得到也是相应性质的资料。

人事主管说:"从这件事上,我可以看出丙组的3个人很懂得合作,互相借用了对方的资料，补全了自己的分析报告。而甲、乙两组的 6 个人却分别行事，将自己的队友视作竞争对手，然后各做各的。你们都很优秀，所以我出这道题目的目的其实根本不是想考察你们的市场分析能力，而是想看看大家的团队合作意识！"

听了主管的话，甲、乙两组的人都恍然大悟了，原来公司要的是具有团队意识的人，而不是为了私利暗自竞争的人，那样的人只会影响公司的发展。

即使你的能力再强，也不要排斥合作，因为，一个团队的力量，远比一个人的力量要强大得多。只有那些善于借用团队智慧，善于协作共享的人才能轻易地在竞争中脱颖而出，既可以给团队带来帮助，又能够让自己走向成功。因此，拥有团队意识的人，正是每个企业梦寐以求的人才。

世界第一行销大师阿尔·里斯说过："很少有人能单凭一己之力，迅速名利双收；真正成功的骑师，通常都是因为他骑的是最好的马。"所以，只有学会借力使力，自己的能力才会被所借助的团队的力量放大。

毕业前，一个在美国攻读硕士学位的中国留学生，被教授安排与另外 3 位美国同学一起做毕业设计。毕业设计的具体内容是去一家企业里实习，并为其编写出系统程序。

这个留学生为了证明自身的能力，抢着干所有的活，几乎是一肩挑。程序设计出来后，企业方面很满意，教授看了也觉得没有问题。但是，在给他们四人进行设计打分时，干得最多的留学生却得了 B，另外 3 位美国同学都得了 A。

留学生觉得很不公平，就愤怒地冲进教授的办公室，质问道："老师，难道您有种族歧视倾向吗？为什么给他们打分那么高，给我打分这么低？你要知道，这个程序几乎是我一个人开发完成的，而且你们也都很满意，不是吗？"

教授听了他的话，只是笑笑，并不说话。教授等留学生冷静下来后才

慢慢开口道:"不错,这次我是给了你比他们都低的分数。因为你做了所有的工作,把别人挡在外面,结果米娅、鲍勃和克里斯的想法都没有在这款程序中得到很好的体现。米娅认为目前的程序可以更简化一些,这样能减少运行时间,提升企业工作效率。克里斯觉得这款程序并不能完全满足企业的需求,在某些方面还可以更加完善一些……"

留学生听得直冒汗,因为这些美国同学都说到了点子上。

教授看着他说:"如果让他们和你一起共同开发这款程序,是不是可以做得更好?这款程序在你眼里可能是最好的,但在我眼里,它只能打60分,因为你的表现并不出色。另外3位同学的意见非常对,他们不会比你做得差。记住:在这次毕业设计中,你跟同学之间并不存在竞争关系,你们是一个协作的群体,而你表现得独断,不听取意见,我认为你的综合素质比他们差,所以给了你B。事实上,你的同学都很肯定你的能力,但他们希望你成长为一个更具领导力、更善于沟通的人……"

教授的这番话,给这个留学生上了宝贵的一课,甚至,他觉得教授那天讲的话比一个硕士学位对他更有用。

因为步入职场后,现实告诉他:不管是升职、加薪,还是享受工作的乐趣,都需要团队合作来实现。仅凭着个人能力很难完成什么大事,因为在别人的帮助和配合下,你才会获得更多的资源,进而获得更多成功的机会。

一滴水只有融入大海才能经历波澜壮阔的壮观,一个人只有融入团队才能享受到协同合作带来的巨大资源。所以,在团队中,你的才能不仅不会被埋没,而且还会被放大,就像本书的描述对象林书豪,如果没有队友们的配合,他也不会取得那么多令人羡慕的成绩。如何与团队进行交流合作,相信你现在已经明白了。

上下一心的团队拥有无尽的力量

在现代的社会中,很多人都觉得工作是一种煎熬,他们体会不到工作的乐趣。他们在工作中不快乐的原因有很多,但主要是他们没有把自己的目标和企业愿景融合在一起。古希腊哲学家苏格拉底就说过:"不懂得工作意义的人常视工作为劳役,则其身心亦必多苦痛。"

的确,那些只为工作而工作的人,慢慢地就会对工作失去热情。想要改变这一点,就必须做到上下一心,作为员工就应当去了解企业的发展方向,而领导也应当关心下属对未来的规划,这样上下一心的团队才会拥有无穷的力量。

苹果公司创始人史蒂夫,22 岁就开始创业。从当初一个人的打拼,到现在的苹果风靡全球,史蒂夫被称为"天使与魔鬼结合体"的商业奇才。

然而,早年的史蒂夫因为只强调公司的目标,忽视了员工的目标而吃尽了苦头。

以前,为了完成自己所定下的目标,史蒂夫经常让员工们加班加点地工作。史蒂夫经常在会议上和公司高层面前强调公司的目标,却往往忽视了员工的目标。对于他的这种做法,就连他亲自聘请的高级主管——优秀的经理人, 原任百事可乐公司饮料部总经理的斯卡利都公然宣称:"苹果公司如果有史蒂夫在,我相信,在几十年之内,一定会走下坡路。"

看到两人水火不容的架势,董事会只能在他们之间作出取舍。当然,他们选择的是善于团结员工、和员工拧成绳的斯卡利,而史蒂夫则被解除了全部的领导权,只保留董事长一职。这就充分说明了,带领团队成员上

下一心进行工作的领导更受人爱戴。

虽然，史蒂夫是一个商业奇才，但他忽视了员工的目标，破坏了团队精神，并不是一个优秀的企业管理者。一个不懂得上下一心的领导，就不会使员工们在工作上达成一致的意见，进而产生重大的分歧，导致团队内部出现分裂，团队精神涣散。如果史蒂夫能把个人目标和团队目标融合在一起，相信苹果公司可以成为战无不胜的强大公司，可是他选择了特立独行，这样的做法显然为公司的前进发展增加了一道非常大的阻力。最终，公司只能从长远发展考虑，把他换下来，任用更懂得管理的人。

值得庆幸的是，史蒂夫后来发现了自己的这个毛病并积极做出改变，积极了解员工的目标和需要，这样就使团队变得无比统一，从而使苹果风靡全球。

其实，这个道理自古就有。当年，拿破仑带领法国军队进攻马木留克城，一向所向披靡的法军遭到了顽强的抵抗。因为马木留克士兵都很高大，所以一个法国士兵根本不是一个马木留克士兵的对手。后来法国人发现，马木留克士兵虽然高大强悍，却不重视合作，作战时他们都只顾自己打，同伴之间缺少呼应，所以，两个法国士兵就可以打过两个马木留克士兵，而一群法国士兵就可以胜过一群马木留克士兵。于是，法国士兵调整战术，避免跟他们单打独斗，靠着相互协作，最终击败了马木留克士兵，取得了胜利。

再看看下一个关于团结合作上下一心的典型例子：

摩托罗拉公司是电子信息产业中一家著名的国际性大企业。在经济不景气，行业竞争激烈的形势下，摩托罗拉公司仍然发展得很不错。

究其原因，是因为员工与企业的目标保持了高度的一致。公司规定，无论是最基层的安全保卫员还是公司的管理阶层，只要对公司作出贡献，都可以晋升，并且还会根据具体需要来调整他们的职务，以便让他们能取得更大的进步。

为了提升员工们的能力，摩托罗拉电子有限公司投资在教育培训方面的费用超过了 5000 万美元。公司还鼓励工程技术人员和管理人员积极参加国际学术会议，并派遣员工到海外工厂实习。为了不断提高管理人员的素质和管理经验，公司还开设了诸如主管指导培训项目、执行管理发展项目和高级执行管理项目，同时还与高等院校合作开设了工商管理硕士学位课程。

这种种措施，既让员工增加了个人能力，工作起来更方便，也让员工感念公司的恩情，进而更加踏踏实实地为公司出力。

现在的很多年轻人，根本就不关心自己的目标是不是跟团队的目标相吻合，他们只顾着自己忙，最后的结果大家可想而知，只不过是在做无用功而已。一个人不把自己的目标与团队的目标结合起来，你的努力注定是在"瞎折腾"。就像我们看的《西游记》，唐僧师徒四人都是在为西天取经这一个目标努力，所以最终才会修成正果。在工作中也是一样，同一个团队的人，如果没有共同的目标，就会使团队的整体实力大大减弱，显得涣散无力。

在讲到团队问题时，前微软公司副总裁李开复博士说："团队精神是微软用人的最基本原则。像 Win2000 产品的研发，微软公司有超过 3000 名开发工程师和测试人员参与，写出了 500 万行代码。如果没有高度统一的团队精神，这项浩大的工程根本不可能完成。"

其实，我们每一名员工都是工作中的一个个体，只有把自己的目标，融入到企业的目标当中，我们的能力才会得到充分的体现。

当我们的目标跟团队的目标保持一致时，自然而然地，这个团队就和你的人生联系在一起了。团队的目标就是你个人的目标，团队的成功就是你个人的成功，这样上下一心的团队，才能让团队成员全力以赴地为企业的目标而奋斗，才能在发展中更加有力量。

只有良好沟通才能成就无敌团队

在工作中,我们会发现这样一个现象:某些部门员工之间,除了上下班打招呼外,工作时几乎就没有了任何形式上的交流。甚至有时候,许多人即便工作中出现了问题,也不主动和有关的同事进行有效的沟通。这是一个很不好的现象,因为在工作中,沟通不良会间接导致企业利益受损。

这种"大事无讨论,小事无商量"的状况,不仅会给企业造成一定的损失,而且还会让我们自身感觉不到工作的乐趣,工作起来也相当地吃力。因为有了问题不去沟通,单凭我们一个人在那里绞尽脑汁,那么我们很快就会厌倦手头的工作,这样状态下完成的工作是无法达到预期效果的。

某企业研发部林经理,进公司不到一年,便频频在工作上受到老总的表扬,而且他个人的专业能力和工作绩效,也都得到了周围同事的肯定。

最近这段日子,老总发现这位林经理几乎每天都在加班,而且常常在大晚上收到他发送的邮件,第二天早上 7 点多又会再收到他的另一封邮件。上班时林经理第一个到,下班时最晚离开,每天都是如此。虽然,在这种大的企业里,加班很正常,而且加班更说明一个人对待工作是很认真的,但是,让人感觉奇怪的是,有时在工作量吃紧的时候,林经理的下属也很少跟着他留下来加班。平常也难得见到林经理和他的部属或是同级主管进行沟通。

于是,老板找来了林经理,问他目前的工作是否出现了问题。林经理听后,承认目前项目确实很有难度。老板说:"既然你已经发现了难度,为什么不跟我沟通呢?这样大家一起想办法,事情就会得到尽快的解决。这不比你一个人天天加班加点地弄, 还没弄出头绪要强得多?"

听完老总的话之后, 林经理便回到办公室召集大家研讨这个项目, 果然, 自己老是想不通的一个问题, 经旁人一点拨, 很快就得到了解决。林经理心里默默地想, 下次再也不单打独斗了, 这也够折腾自己的了。以后要多和大家一起沟通、合作, 这样事情才会更容易解决。

在工作中, 我们每个人都必须学会真诚地与同事和领导沟通。如果每个人都藏着自己的想法而不说, 甚至是钩心斗角, 这样不仅不利于公司的各个项目的发展, 甚至还会因为彼此的争斗而使公司的利益受损, 更严重的会使公司陷入绝境。

一般情况下, 沟通不到位都是团队成员之间缺乏联系、遇事想当然造成的, 属于个体之间的问题, 但实际上, 这显露出的是团队内部的管理不善和领导不当。遇到这种情况时, 一定要和同事、领导进行有效的沟通, 这样你才能很好地完成工作任务。我们应当清楚, 开诚布公地交流和沟通, 是团队合作中最重要的环节, 把握好这个环节我们才能取得事半功倍的效果。

在做事时, 积极有效的沟通可以让你融入团队, 更好地得到团队成员的帮助。尤其当你身为一名领导时, 就更要学会沟通, 这样才能将下属拧成一根绳, 更好地帮你完成工作目标。

罗文俊, 30 岁出头, 是一家外贸公司的职员。他勤学好问、刻苦钻研业务技巧, 才入职两年, 就升任了部门经理。

新官上任, 罗文俊对未来自然有着无限憧憬。因此, 他想要带领团队创造更大的辉煌。不过令他感到苦恼的是, 毕竟自己资历不深, 现在的地位居于一些元老之上, 因此, 部门下属对他表现出以下的几种态度: 有的下属阿谀奉承, 有的下属心存敬畏, 有的下属冷眼旁观, 甚至有的下属故意拆台。

罗文俊知道, 部门里的新人比较拥护自己, 但老员工对自己的意见颇

多，所以树立威信，主要就是针对老员工。而这些老员工，也恰恰是团队的核心能量，部门能否再接再厉，关键就看老员工是否能爆发能量！

为了解决好这个问题，罗文俊不断翻阅资料，最终找到了解决的办法。对于元老，罗文俊认为关键是要把握好"距离"，既不能过分讨好，又要亲切而尊重，正所谓不卑不亢，这样就能在老员工中树立一种威信。

找到了方法，罗文俊便开始积极地行动起来。一天，罗文俊交给一位元老制订月度计划的任务，并要求两天内完成。可到了第3天，这名老员工还没有把计划交给他。这时候，罗文俊感到机会来了。

这天下班后，罗文俊约这位元老到茶馆坐坐，并亲自给他斟上了茶。在幽幽的茶香中，罗文俊谈到自己的成长经历，谈到了自己的人生观、价值观，谈到了自己的工作经历，谈到了在这个公司得到的帮助和自己的奋斗经历，以及对未来事业的种种憧憬等。

总之，罗文俊推心置腹地和他聊了很多。罗文俊并不希望从元老那儿得到什么，只希望让他真正地了解自己。对于工作本身，罗文俊并没有多谈。

果然，罗文俊的这个方法起到了绝妙的效果。第二天罗文俊一到办公室，就看到办公桌上工工整整地摆着元老交上来的月度计划。罗文俊明白，是自己当时的那一番举动，赢得了老员工的认同，从而使这位老员工喜欢上了自己这位新领导。

果然，在这位老员工的带领下，罗文俊的团队也最终充满了活力。于是，他将这个方法进行广泛运用，赢得了所有老员工的一致认同。说起他，所有人都会竖起大拇指！而他的部门业绩自然也直线上升，最终从中游一跃成为全集团中效率最高、收益第一的团队！这归根结底要归功于罗文俊推心置腹地与这些老员工的沟通上。

所以说，良好的沟通，可以促进彼此对同一事物的理解。俗话说："三个臭皮匠，赛过诸葛亮。"沟通好了，大家自然能团结起来做出好的业绩。我们在工作中，通过有效地传达信息给对方，不仅可以让事情变得更加简单，而且通过双向的互动过程，相互间也能够很快找到问题的症结所在，以便更快地解决好出现的问题。之所以说只有良好沟通才能成就无敌团队，就是这个道理。

第九课
不要忽视信念的力量

信念是一种无坚不摧的力量,当你坚信自己能成功时,你必能成功。精神的力量无法改变客观事物,但却可以对自身的行为形成影响。因此,请千万不要忽视信念的力量。

信念的力量可以摧毁一切困难

斯蒂芬·茨威格说:"一个人生命中最大的幸运,莫过于在他的人生旅途中,在他年富力强的时候,发现自己生活的使命。"在工作中,无数的人之所以没有成功,不是因为他们才干不够,而是因为他们不能全力以赴地去做适当的工作。他们从来没有觉悟到这一问题:如果把心中的那些杂念一一清除,使生命中所有的养料都集中到某一个方面,那么他们的事业完全能够结出丰硕的果实!

林书豪是一个人,一名球员,一阵风暴。事实上,多元化的美国社会造就的就是林书豪的多重身份:亚裔、华裔、哈佛生、NBA 球员,以及对他自己来说相当重要的一重身份——基督徒。

事实上,在林书豪的推特或微博上,经常出现"上帝"这个字眼,这将林书豪的信仰昭示无疑。林书豪的父母都是虔诚的基督徒,林书豪三兄弟的名字——大哥 Joshua、三弟 Joseph 以及他 Jeremy,都源于《圣经》人物的名字。

世界上有信仰的体育明星并不少,但像林书豪、巴西球星卡卡,还有保持着 NBA 总得分纪录的贾巴尔这样虔诚的基督徒球员并不多。

美国某福音派门户网站曾与林书豪有过这样一段对话。

问:"作为基督徒,你感觉自己和其他 NBA 球员不一样吗?"

答:"当今社会过多地关注于个人得失,某种程度来说你得掌控各种琐事。但为上帝比赛意味着你不用考虑得分、数据,只需竭尽所能,上帝自会决定胜负、决定你是否打得好。我尽力做好准备,比赛中的每一分我都将遵循上帝的指引。"

对于上帝的信仰帮助林书豪胜过了很多险阻，渡过了一个又一个难关。比如，面对球场上的侮辱和挑衅，林书豪回忆自己年少轻狂时总是设法回击，设法证明对方是错的。但是后来，当林书豪慢慢领悟到《圣经》的要义时，便不再为那些辱骂心烦意乱。他说："当你不再还击时，这就是一个展现上帝恩典的好机会。"

即使如此，数量巨大的球迷还是给他带来了很大的压力，一度林书豪甚至觉得自己是为了取悦球迷而比赛。他说，直到有一天终于明白，正确的比赛态度不是为了他人，也不是为了自己，而是为了自己的信仰。"我不再感到压力，因为我想我不是为了他人而比赛。可能听起来有点儿残酷，但这是事实。现在，我打球的动机是追求'永恒的快乐'，而不是输赢的快乐。想明白了这一点，我的心灵就得到了神奇的'安宁'。这种神奇的'安宁'带来了奇迹般的表现。"这就是信念给林书豪带来的战胜一切困难的精神力量。

信念是一种无坚不摧的力量，当你坚信自己能成功时，你必能成功。精神的力量无法改变客观事物，但却可以对自身的行为形成影响。想想看，如果一只蜘蛛想要在两个屋檐之间结一张网，那么第一根线是怎么拉过去的？蜘蛛并不会飞，它只能从一个檐头起，打结，顺墙而下，一步一步向前爬，小心翼翼，翘起尾部，不让丝沾到地面的沙石或别的物体上，走过空地，再爬上对面的檐头，高度差不多了，再把丝收紧。

这是一个充满哲理的事例：蜘蛛不会飞翔，但它能够把网结在半空中。它是勤奋、敏感、沉默而坚韧的昆虫，它的网织得精巧而规矩，八卦形地张开，仿佛得到神助。这样的现象，使人不由想起那些沉默寡言的人和一些深藏不露的智者。这难道不是执著的力量？难道不是信念创造出来的奇迹？

完全不懂篮球的人也一定听说过篮球之神迈克尔·乔丹的大名。乔丹

在兰尼高中上学时,曾经受到了一次令他终生难忘的挫折。

有一天清早,他和朋友赖洛伊·史密斯一起到校运动馆的布告栏前去看调整后的校队名单,这才知道史密斯榜上有名,而自己被淘汰出局!

那天迈克尔心里难受极了,虽然坚持把课都上完了,却根本不知道老师在台上讲了些什么。放学回家后,迈克尔把房门关上,然后大哭了一场。母亲下班回来,迈克尔告诉她说:"我被校队除名了。"泪水马上再度夺眶而出,最后母亲也忍不住拥着儿子一起哭了起来。

当球季快要结束时,迈克尔鼓起勇气去向教练请求,允许他能够搭车随队观看比赛。教练刚开始并没有答应他的请求,直到迈克尔再次执著要求,并答应为上场队员提供一些必要的服务,如抱衣服、拿球鞋等,教练这才答应。为了提高自己的篮球水平,迈克尔用上了自己所有的业余时间,苦练了一年,终于又回到了校队。

乔丹本人后来回忆起这件事时说:"发生这种事,对我来说,也许还称得上是件好事。因为它让我搞清楚失望有多不好受,所以我立定志愿,发誓绝不再承受一遍那种感觉。"

乔丹与林书豪不同,他没有林书豪那样虔诚的宗教信仰,但他与林书豪的共同点是,他们都拥有极其坚定的信念力。林书豪的信念来自于宗教信仰,乔丹的信念则源于他对于失败的痛恨。事实上,正是这种信念督促着他不断磨炼自己的篮球技巧,在每一场比赛中咬紧牙关,全力以赴,绝不容许自己有哪怕一秒钟的放松,决不放弃任何一个赢得比赛的机会。乔丹取得了怎样的成就我们无需赘述,而他之所以能够取得这样的成就,跟他源自对于失败的痛恨的信念力是绝对分不开的。

因此,无论你信什么,无论你的信念从何而来,都千万不要忽视了信念的力量,因为信念的力量可以帮助你战胜一切困难。坚守自己的信念,不因为外部环境因素的影响而左右自己成功的信心,你就会得到一个充满光明的未来。

不要怀疑，坚守自己的信念

海明威曾经说过："人可以被毁灭，但不可以被打败。"要想成为生命中的强者，我们必须要时时刻刻坚定自己的信念，只有这样，我们才可能不断地超越自己。

在我们人生每个最关键的岔路口，总会有各种各样的声音在我们耳边响起。有人支持我们的决定，有人却劝我们走另一条道路，不管我们最终选择了哪条路，都要坚定自己的信念，不到最后一步绝不放弃。

小草虽弱，却有野火烧不尽的顽强；春笋虽柔，却有石破天惊的毅力；小溪虽浅，却有奔向大海的勇气。人也一样，在成长的过程中，我们也要在未知的变数中坚守自己的信念，不被外物所干扰，为实现自己的梦想而奋斗。

在一座山上，有两块会说话的石头。有一天，甲石头对乙石头说："山上实在太闷了，咱们出去闯一闯吧，不枉来此世一遭。"

乙石头比较喜欢安稳的生活，对甲石头说："不，我可不愿离开这里。每天都被周围的花草簇拥着，被温暖的阳光照耀着。这样的日子太惬意了！谁会那么愚蠢地在享乐和磨难之间选择后者，再说长时间的跋山涉水很可能会让我们丢了性命的！"

看到乙石头拒绝了自己，甲石头选择了独自去闯。在一个下雨的夜晚，它随着山溪翻滚而下，开始了自己的旅程。一路上，它经历了风吹雨打，受到了无数的磨难，但它依然执著地在自己的路途上不停奔波。

看到甲石头一路上遭的罪，乙石头不禁得意地笑了。看看它自己的生活，周围花草簇拥着自己，满眼尽是盘古开天辟地时留下的那些美好的景观。它越来越觉得自己很幸福。

50年的时光很快就过去了。甲石头经过岁月的打磨变得越来越丰润，成了世间少有的珍品，被千万人赞美称颂。当知道甲石头的成就后，乙石头有些后悔当初没有听从甲石头的建议。它也想投入到世间风尘的洗礼中，然后像甲石头那样拥有成功和高贵，可是一想到要经历那么多的坎坷和磨难，便又退缩了。

几年以后，人们为了更好地珍藏珍贵的甲石头，准备为它修建一座精美别致、气势雄伟的博物馆，建造材料全部用石头。很讽刺的是，工匠们把乙石头粉身碎骨，为甲石头盖起了房子。

甲、乙两块石头，就是现实中我们的真实写照。对于荣耀，人人都想拥有。甲石头选择了艰难坎坷，坚守了自己的信念，所以它成了石艺中的珍品。诚然如此，要想成功，就必须要经历磨难，我们只有坚定信念，不抛弃，不放弃，才能走向成功的最高峰。

只有拥有了坚定的信念，我们才可以到达人生的最顶端。有坚定的信念做伴，我们才能迈向更远的目标。每一次的坚持对于我们来说都很重要。

信念虽然不能当饭吃，但执著的信念却可以让你种出粮食来；信念虽然不能当枪使，但执著的信念却可以让你撑到敌人倒下的那一刻；在逆境面前，坚定的信念就是制服敌人的杀手锏。所以，坚持到成功到来的那一刻，别让逆境拖垮你。

提到羽绒服，很多人都会想到"波司登"这个品牌。在中国，波司登已然成为了羽绒服的代名词。然而很少有人知道，作为波司登的创始人，高德康的创业之路也同样充满了艰辛。

高德康以前只是一名小裁缝，在干了几年后，他凭借手头有限的资金组建了一个缝纫组，主要的收入来源就是靠给上海一家服装厂加工服装。

从村里到厂里有100公里的路程,他每天大部分时间都走在这条路上,不是购买原料,就是递送成品。他的主要交通工具就是自行车,在自行车坏了以后,他就只能挤公共汽车。每到上班时间,车都挤得不得了。高德康背着重重的货包挤上挤下,累得满头大汗,很多时候车上的人闻到他一身汗臭,就把他推下来。还经常有人鄙夷地说:"你这个乡巴佬……"

每到这种时候,高德康都难过得想哭。可是,他知道自己必需得做生意,否则缝纫组就没有活干。所以,他只能将苦水咽到肚子里。他告诉自己:"做生意,龙门要跳,狗洞也要钻。"

就这样,凭借着坚定的信念和顽强的毅力,高德康坚持了下来。渐渐地,他的事业一点点发展壮大起来。到了今天,波司登已经成为中国羽绒服第一品牌,高德康自己也成了亿万富翁。

人就像一个复杂的机器,而推动他不断运行的就是那坚定的信念。没有信念的人经不起任何的风吹雨打,因为在他的心中没有任何可以依靠的支柱。而有了坚定信念的人,就像铺满大地的野草,即便被那熊熊烈火焚烧,依然烧不断春天里的又一次生命。信念就是如此,没有任何东西可以阻止你的前行。

对人而言,要想存活下去,只需要一碗饭、一杯水就可以了,但是如果想活得精彩,想在某一方面取得成功,让生命绽放出绚烂的色彩,其中最关键的就是能坚持走自己的路,坚守住自己的信念。不要怀疑,不见异思迁,让心中的杂音寂静,你会发现成功就在不远处,而且伸手可及。

信念，让你担起人生的责任

美国总统林肯曾说过："每一个人都应该有这样的信心：人所能负的责任，我必能负；人所不能负的责任，我亦能负。"是什么让林肯敢于如此担当?是他内心坚定的信念。

每个人都该为自己的言行负责，若是一味地逃避责任，是无法取得大的成就的。在职场中，总有一些人整天发着牢骚。"破公司，我都在公司干两年了，还不给我加薪!"频繁的抱怨不仅没有使他们如愿以偿，反而暴露了他们的缺点：没有责任心。这些人永远都是从别人的身上找原因，而从未想过自己的问题，他们最缺乏的就是敢于担当的信心。

有不少人说，是"9·11"让全世界的人民都知道了纽约前市长鲁道夫·朱利安尼。

当世界贸易大厦倒塌的时候，朱利安尼第一时间就赶到了现场，并且在短暂的时间里准确地下达了数百道命令。在这种危急关头，半秒钟的耽误就可能失去挽救生命的机会。在现场，他亲自指挥上千名工作人员进行救援活动，抢救被摧毁的公共设施，并且亲自去慰问那些受伤者和罹难者的家属。

在那段时间里，在全国性媒体的电视画面上经常可以看到他的身影，他一方面不断地为大家提供最新的救援情况，安抚人心，另一方面号召市民进行遍及全市的反恐行动，澄清了外面那些在纽约市里有化学武器威胁的谣言，他用自己的实际行动告诉大家，明天的纽约会变得比从前更好。

最终，在朱利安尼果断、准确的带领下，纽约市民很快地就从这场灾难的阴影里走了出来。对"9·11"灾难的处理，让朱利安尼迎来了政治生涯中最光辉的一刻，他临危不乱的领导能力获得了各方的赞赏。从那之后，"美国市长"这一称号便一直伴随朱利安尼至今。

在灾难来临时，作为领导者的朱利安尼勇敢地承担起了自己应负的责任，并且成功地应对了这次挑战。他心中的信念，就是减少大量不必要的损失，并且陪同着纽约市民一起度过最困难的时期。正是这份信念，让他获得了纽约、美国，乃至全世界的赞誉和尊重。

不是每一个人都有主动承担责任的魄力，要承担责任则必须要以坚定的信念来支撑。在这个世界上，但凡取得成就的人，往往都是那些勇敢担起责任的人。

爱默生曾说过："责任具有至高无上的价值，它是一种伟大的品格，在所有价值中处于最高的位置。"要想取得成功，我们就要不怕承担责任，因为责任是我们走向胜利的起点，是超越自我的必要条件。只要我们坚定内心的信念，对责任无所畏惧，我们定能战胜责任的挑战。

有一天，几个小男孩一块儿在外面踢足球。突然，一个小男孩不小心将球踢到了邻居家的窗户上，将玻璃撞了个粉碎。邻居家的老人非常生气，急匆匆地走了出来，责问是谁干的。

由于害怕，其他几个小男孩都被吓跑了，只有那个小男孩没有跑。他勇敢地走到老人的面前，满怀歉意地说："对不起，是我打碎了您家的玻璃，请您原谅我这一次好吗？"本想也许会得到原谅，可是老人却非常生气，坚决要让小男孩赔偿砸碎自己家玻璃的损失，没有办法，小男孩只得回家拿钱。

回到家后，小男孩向父母亲讲述了事情的经过。母亲非常心疼孩子，而且孩子也承认了错误，于是，她拿起钱就给了孩子。正当小男孩跑出去要给老人赔钱时，小男孩的父亲却叫住了他，十分严厉地对他说："今天可

以把钱给你,但这是你闯的祸,我不会为你的错误来买单。你必须要为你的行为负责。所以,你今天拿的钱一定要想办法还给家里。"小男孩点点头,连忙跑去把钱赔给了老人。

为了还钱,小男孩便趁放学或者休假的时候打零工。由于他年龄太小,很多地方都不要他,没有办法,他只好偷偷摸摸地在餐馆帮人洗碗,闲暇时间再捡些废品来卖。

经过几个月的辛苦努力,小男孩终于攒够了钱。当他自豪地将 15 美元还给父亲时,父亲欣慰地笑了,他拍着小男孩的肩膀说:"一个能为自己的过失负责的人,将来才会有出息。"而这个小男孩就是多年后的美利坚合众国的总统——里根。

里根能够担起责任,与他父母的教育有很大的关系:做人要有信念,要敢于担责任,这样才能成为一个成功的人。从里根总统的身上还可以看出,权利与责任是紧紧相联的。所以,一个人若想成功,想受人尊敬,想拥有权利,想找到自身的价值,首先就要有信念,敢为自己的言行承担责任。

虽然,信念能让你担起人生的责任,但是,我们一定要记得这份信念是积极的。消极的信念,不仅让你担不起人生的责任,反而还会让你摔跟头。

好好控制你的信念,引爆内心的能量场

居里夫人常说:"生活对于任何一个人都非易事,我们必须有坚韧不拔的精神,最要紧的,还是我们自己要有信念。我们必须相信,我们对每一件事情都具有天赋的才能,并且付出任何代价都要把这件事完成。"由此

可见，信念是一种强大的力量，它可以是我们在成功道路上的助力剂。当我们困惑的时候，信念可以帮助我们尽快地做出选择。

想做到拥有信念很容易，困难的是如何"咬定青山不放松"，坚定自己内心的信念，若想发掘出信念带给我们的力量，就必须好好控制自己的信念，把它提升到十分强烈的程度，只有这个时候，信念这朵火花才能引爆我们内心的能量场，促使我们采取一切积极的行动，扫除眼前所有的障碍，进而奏出生命中最动听的乐章。

想必大家对《哈里·波特》这本书都不陌生，它曾被翻译成35种语言在115个国家和地区发行，可以说是风靡全球。然而，对于《哈里·波特》的作者乔安妮·凯瑟林·罗琳，大家知道的却是少之又少。

罗琳自幼酷爱英国文学，尤其喜欢写作和讲故事。大学毕业后，她只身前往葡萄牙寻求机遇。在那里，她结识了当地的一名记者，两人很快坠入情网，并结了婚。

可是，好景不长，婚后的丈夫经常对罗琳拳打脚踢，虽然他们已经有了孩子，可是可恶的丈夫不顾罗琳的苦苦哀求，仍旧把她们母女赶出了家门。罗琳在走投无路的情况下，只好带着3个月大的女儿回到了英国，栖身于爱丁堡一间阴冷的小公寓里。这时的罗琳没有收入来源，不得不靠救济金生活，但是那点儿可怜的救济金根本不够她们的生活所需。她们母女的生活经常是饥一顿、饱一顿。有时为了能让女儿吃饱，她总是自己饿着肚子。

但是，种种的打击并没有挫败罗琳对写作的热爱，她始终坚信自己的信念，她相信自己的写作事业一定能够达到顶峰。于是，她开始了夜以继日的写作生活。为了节省电费，她有时会待在咖啡馆里写上一整天。就是在这种艰苦的条件下，她的第一本《哈利·波特》诞生了，并且创造了出版界的奇迹。

成功后的罗琳拥有的财富甚至比英国女王还要多，她理所当然地成

为了英国最富有的女人。当别人问起她成功的秘诀时,她总是说:"我始终坚守着自己的信念。"

一位成功人士曾经说过:"一个有信念的人所发出来的力量,不小于99位仅仅心存兴趣的人。"罗琳就是依靠自己内心这种强大的力量才克服了生活环境中的艰难,取得了最后的成功。这种强烈的信念可以帮助一个人挖掘出深藏在其内心的无穷力量,使他竭尽全力地采取一切积极行动过好自己的人生。

有的人也许会说:"坚定信念太难了,我根本就做不到。"可是事实并非如此,信念的坚持其实往往就在一瞬间。只要在片刻的抉择中你选择了信念,就会发现事情变得简单起来,因为每当你想放弃时,你的信念就都会跑出来提醒你。

信念也是一种强大的动力,若想在人生中有一番作为,就必须相信自己,坚持自己的信念。有了信念的支撑,行动也就有了动力,这样的生命自然就能迸发出无比巨大的勇气和力量。

有一天,3只青蛙同时掉进了一个牛奶桶里,由于不同的选择,它们的命运也发生了改变。

第一只青蛙在挣扎了一段时间后,便选择了放弃,认为这是上帝的安排,自己是无法改变命运的,结果,没过多久就被淹死了。

第二只青蛙虽然坚持了很长一段时间的挣扎,但在筋疲力尽时,它也放弃了,相信自己是跳不出牛奶桶的,于是,也被淹死了。

第三只青蛙始终坚定自己能够出去的信念,它一直坚持自救,不停地跳,不停地跳……由于它不停地游动,牛奶很快被搅拌成了奶油。在感到脚底的接触面很结实时,它奋力一跃,跳出了牛奶桶。

你心中有什么样的信念,就会得到什么样的结果。在关键的时刻,坚定的信念拯救了第三只青蛙,试想,如果3只青蛙同时能够坚定信念,它们也许就会更快地跳出牛奶桶。

我们所有的选择所得到的结果,不是靠仰仗我们结交的人物,而是取决于我们本身!永远只想着依赖别人的人是不可能成功的!也就是说,若想要有所收获,首先必须要自己亲身躬行,一种志在必得的信念是我们必需要具备的。

于文博是泰康人寿总公司营销部总经理。他也是中国保险界第一位由个人营销员晋升高级经理的人。

历经 7 年的打拼,从开始的一名试用营销员到今天的职位,谈起这段奋斗的历程,他感慨地说:"追求外在的东西很苦,也很艰涩,需要由内而外地铸造灵魂。其实生活中的一切都在成就着我们——那些拒绝、挫折、苦难就像砺石一样。剑将愈锋,镜将更明。"

在他拜访众多客户的经历中,有一位最让于文博记忆深刻。他曾先后拜访了那位客户 42 次,听了 41 次的"不"。让别人来做的话,也许早就选择放弃了,可是他始终相信自己会成功。精诚所至,金石为开,最后那位客户被他的坚持所感动,签下了保单。"再坚持一下"也成了于文博的座右铭。

"信"是指人言,而"念"是指自己今天的心,所谓的信念其实就是指今天你在心里对自己说的话。若一个人每天都在心底深处不停地告诉自己,我可以!那他在人生中获得成功的机会就很大。

成功者都具有这样的心灵,因为他们相信举步维艰后的峰回路转,相信混沌迷惑后的灿然乾坤,相信山穷水尽后定会柳暗花明的那份意境,这就是一种坚定的信念。它就像一支火把,如果我们能好好地控制信念,它就能引爆我们内心的能量场,推动我们朝着前方的梦想迈进;相反,如果我们丧失信念,就会变成一具行尸走肉,将我们的人生引向失败,甚至毁灭。

信念是一种积极的自我暗示

"晚上不要尿床哦。"

孩童时期,晚上睡觉时妈妈总爱这样提醒我们,可是越是这样,我们反而越容易尿床。这是为什么呢?其实,这是一种暗示,当我们在朦胧中将要进入梦乡时,妈妈关于"尿床"的暗示直接对我们的潜意识产生了作用。很显然,这是一种消极的暗示。

积极的自我暗示是一种神奇的力量,在做任何事情之前,如果你能够用积极的思想充分地暗示自己,就会激发出自己的潜能,以达到自己心中的目标,最终得偿所愿。

信念就是一种积极的暗示。在我们因为遇到挫折而不断地告诉自己要坚强时,这就是一种重复暗示,进而使我们在潜意识中接纳这种观点。从信念中得到力量就是如此神奇,会给你带来截然不同的思考方式和行为。

积极的自我暗示可以诱导我们往积极的方向前进;而消极的自我暗示只会让我们随之变得消极、悲观。有些人遇到了一次困难,便把它看成拿破仑的滑铁卢之战,从此失去了勇气,一蹶不振。可是,在刚强坚毅者的眼里,却没有所谓的滑铁卢。因为,他们有不一样的信念,会给自己一种积极的心理暗示。那些一心要得胜、立意要成大事的人,不以一时的失败作为最后的结局,而是会继续奋斗,付出比以前更多的汗水,不达目的决不罢休。

艾拉是一名充满活力的成功女性,总是朝气蓬勃地出现在家人和朋友面前。她是一名报社的专栏作家,除了平时在家里干点儿家务外,偶尔还出去打打网球。喜欢热闹的她,每周都邀请朋友来家里做客。

艾拉很享受自己的生活,每次聚会时,她都会好好打扮一番,穿着漂亮的黑裙,搭上高跟舞鞋,尤其是当她跳起舞时,更是艳惊全场。

然而天有不测风云,30岁的艾拉在医院检查时发现体内里长了一个脊椎瘤。没过多久,她就瘫痪了。

得知艾拉生病后,所有的朋友都围在她的身边,不停地抱怨上天对她不公平。不过,艾拉并不沮丧,她乐观地接受了自己的处境,从不怨天尤人。每天,艾拉都努力学习关于残疾人士的知识,而且出人意料的是,她还成立了一个名叫残疾社的辅导团体。

对生活乐观的态度,让艾拉又一次焕发了勃勃生机。她主动要求到监狱去教授写作课程。在监狱里,囚犯们都很喜欢听她讲课。在她无法去监狱的时候,她也会给囚犯们写信。

在众多的信件中,让所有人最感动的是她写给一位叫做瑞希的女囚犯的信:

亲爱的瑞希:

接到你的信后,我时常会想到你。你提到的那种失去自由的痛苦,我完全可以理解。

在我30岁时,有一天醒来后,发现自己瘫痪了,我感到无比痛心。想到自己被囚在躯体内,无法再跳舞,我觉得自己失去了很多东西。

此后不久,我突然想到:我不能站起来,但我还能选择自由,我还可以运用我的自由意志。于是,我决定充实地生活,超越身体上的缺陷,为孩子做个好榜样。

瑞希,自由有很多种,当我们失去一种之后,就要寻找另外一种。你可以选择看着铁窗,也可以选择透过它看外面的世界,你可以成为囚友的榜样,也可以与那些捣乱分子混在一起。你可以去爱上帝,也可以不理他。这一切，都在于你内心的选择，和你的信念。

这样看来，瑞希，我们的命运是一样的。

在生命遭遇重大波折时，艾拉给了自己一个坚定的信念，一个积极的暗示。倘若没有内心坚定的信念，她不可能在瘫痪后还能够笑对生活，更无法谱写出如此华美的生命乐章。

坚定的信念具有极大的创造力，这种创造力会激发人的潜能，实现人的理想。人一旦有了这种欲望，并经过自我暗示和潜意识的激发后形成一种决心信念，这种决心信念就会转化成一种"积极的感情"，它能使人们拥有无限的热情、聪明和精力，进而帮助人们获得财富与事业上的巨大成就。

年仅 25 岁的常雨萌是一名艺术家，有一天，她到某大学去做演讲，当别人询问她成功的秘诀时，她说了这样一句话："享受孤独。"

看到大家惊异的目光，她平静地说："在我 16 岁时，在一场车祸中我失去了父母，我也因此残疾。16 岁到 23 岁，对于一个女孩正是一个黄金时间，然而，我却是一个人孤单地在轮椅上度过那段时间的。在这漫长的7 年中，我曾经抱怨过，伤心过，我把自己封闭起来，不与外界接触，从此我的世界里只有孤独……"

说到这里，常雨萌稍微停顿了一下，然后继续说道："然而就是在这份孤单中，我却体会到了人生的真谛。在长时间的孤独中，我有足够的时间来平复自己的心情，平静的心态让我能够冷静地思考。在思考中我明白了自己要怎么做，于是，我重新开始积极面对人生，也懂得了珍惜，懂得了知足。这大概就是所谓的'知止而后能定，定而后能静，静而后能安，安而后能虑，虑而后能得'吧！孤独，给了我静心思考的机会，让我明白了这些道理，在我明白了这些道理以后，我所得到的就是快乐……"

台下顿时一片寂静，继而响起了经久不息的掌声。

孤独是可怕的，害怕孤独也是因为我们没有享受孤独的信念，从而暗示自己的生活就是凄凉的,就是痛苦的。如果没有孤独,屈原能完成千古绝唱《离骚》吗?如果没有孤独,李白能写下那"古来圣贤多寂寞"的千古绝句吗?就是在那些常人所不能承受的孤独中,这些名人用自己战胜孤独的信念找到了走出孤独的光明之路。所以,不要畏惧孤独的黑暗,鼓励自己像身残志坚的常雨萌一样,多给自己一些积极的信念,这样你才能冲破眼前的种种艰难。

有信念的人可以主宰自己的人生

每个人对事物都有着自己的看法和主意,每当把握不准确时,也能从别人那里问得答案。然而,自己若是一个优柔寡断,没有坚定的信念,或对自己实在是没有把握的人,那就很难充分发挥自己拥有的各种能力,步入理想的人生旅途。

信念是自己给予自己的一种力量,通过信念这把钥匙,我们可以打开成功的大门。而你的命运走向,往往就决定在这一瞬间。也许你曾经失败过、失误过,但你不要从此放弃,失去信心;也许你曾经成功过,曾经欢乐过,但你也不要骄傲自满。上帝赐给每个人的机会都是一样的,我们为什么不付出更多的努力去为生活增添色彩呢?要想成为胜利者,把握住自己的人生,就要提升自己的信念并付出实际行动。

德怀特·艾森豪威尔是美国历史上一位有名的总统。

在他13岁的时候,他在放学回家的路上不小心摔了一跤,虽然当时并没有感觉疼痛,可是到了晚上膝盖却突然疼了起来。第二天早上,他的腿已经疼得非常厉害,但是他和谁也没有说,只是默默地忍受着,而且他

还像以前一样帮家里干活。

第三天早晨,他走路已经有点儿困难了。这时候母亲发现了问题,当想要让他脱下鞋子时,他的脚已经肿胀得不能脱下靴子和袜子了。母亲马上将他送到了医院。

医生看了他的腿后,连连摇头:"太晚了,只能锯掉这条腿了。"

"不!我不让你锯,除非我死!"艾森豪威尔大声叫了起来。最后医生只能无奈地离开房间。为了避免医生在他睡觉时锯掉他的腿,他忍着剧痛对哥哥说:"如果我神志不清的话,千万不要让他们锯我的腿,你要向我发誓!"哥哥最后只能答应了他的请求。

到了后来,艾森豪威尔开始发起了高烧,并开始胡言乱语。但是他还是坚持不让医生锯他的腿,全家人看着他疼痛却顽强挣扎的样子,都心疼得掉下了眼泪。

"你们这是在等死!"医生说道。但是他还是不退让。不久后,奇迹发生了,那条肿胀的腿消退下去了。最后,艾森豪威尔战胜了失去腿的威胁。

凭借着强大的信念,艾森豪威尔走出了困境,打败了病魔对他的挑战。生活中,我们一定会遇到各式各样的挫折和困境。要想不被它们打败,我们只有选择高扬起信念的旗帜,沉着冷静地对待生活所附加在我们身上的一切。

如果没有强大的信念做支撑,林书豪不可能在强手如林的NBA立足,也不可能在别人的歧视中坚持自己的篮球梦想。成功必须要有信念护航。因为它关系着你做每件事的成败。没有信念的人比没有思想的人更为可怕。只要坚定信念,困境和厄运就会迎刃而解,烦恼和痛苦也会烟消云散。

在鲁西南深处有一个村子叫姜村。这个小村子因为几乎每一年都有几个人考上大学、硕士甚至博士而闻名遐迩。当提起这个村子时,人们都会说,就是那个出大学生的村子。久而久之,"大学村"成了姜村的新村名。

以前,在姜村唯一的小学里,每个年级只有一个班。而每个班也只有十几个孩子。现在,只要和姜村有点儿亲戚关系的,都千方百计地把孩子送到这里来。在他们看来,孩子到姜村上学就等于一只脚跨进了大学。在惊叹姜村奇迹的同时,人们也都在思索:是姜村的水土好,还是姜村的父母掌握了教育孩子的秘诀?

这其中的原因,要追溯到 20 多年前。

20 年多年前,姜村小学调来了一个 50 多岁的老教师。不久,一个传说就开始在村里流传:这个老师能掐会算,他能预测孩子的前程。原来,孩子在上了这个老教师的课以后,有的回家说他将来能成数学家;有的说将来能成作家;还有的说将来能成音乐家……

而且,家长们也发现,孩子们变得很懂事好学,好像他们真的是数学家、作家、音乐家的料了。那些说能成为数学家的孩子,对学习数学更加刻苦;说能成为作家的孩子,语文成绩更加出类拔萃。孩子们也都变得十分自觉,不再像以前那样调皮了。

家长们都非常纳闷,也都将信将疑,莫非孩子真的是大材料,被老师道破了天机?

到了几年以后高考的时候,大部分孩子都以优异的成绩考上了大学。老教师在姜村人的眼里也变得神奇起来,他们让他看自己的宅基地,测自己的命运。可是这个老师却说,他只会给学生预测,不会其他的。

后来,老教师退休回到了城市,但他把"预测"的方法教给了接任的老师,接任的老师还在给一级一级的孩子"预测"着。而且,他们坚守着老教师的嘱托:不把这个秘密告诉村里的人们。奇迹就这样在"大学村"延续着。

只有那些孩子考上大学后,他们才对这个秘密恍然大悟,原来秘密就是——信念!

老师并没有预测的能力, 只是在依靠信念来激发学生们奋斗的积极性。也许那些成为数学家的孩子并不一定完全具备数学家的特质,成为作

家的同学并没有十分出色的文采，可是在老师的鼓励下他们将自己的潜质充分地发挥了出来，最终取得了成功。

信念有时是一种自信的表现，最终你能真正看见而得到回报。人生如歌，信念如调。没有调的歌不能称之为真正的歌，没有信念的人生也将没有任何价值可言。人生需要信念，有了信念，我们才可以拨开迷雾，见到光明，看到希望；有了信念，我们才能够乘风破浪，驶向成功的彼岸。

信念是一盏路灯，黑暗中照亮你前进的道路；信念是小草，渺小的身躯中蕴含着巨大的能量。只要持有坚强的意志和永不放弃的信念，那么攀登到人生的顶峰并不是幻想。

信念是牵引命运的绳索

在一期叫《哈佛小子》的访谈节目中，林书豪说："是信念，让我一直坚持追逐篮球梦想的。"如果没有这个坚定的信念，林书豪是不会在篮球道路上坚持这么久，也不会取得那么大的成就的。

信念对我们的人生来说是十分重要的，当我们遇到挫折的时候，心中的信念使我们坚持不懈，帮助我们克服一个个的障碍；当我们对做一件事情感到气馁的时候，信念会给我们坚持下去的勇气；当我们对人生缺乏激情的时候，信念又会将我们沉睡的精神唤醒。正像有句话说的那样："信念是牵引命运的绳索。"因此，只要牢牢抓住了信念，我们就抓住了命运的绳索。

巴甫洛夫曾宣称："如果我坚持什么，就是用炮也不能打倒我。"

人生是短暂的，如果我们想在有限的时间里成就自己，就要学会为自己塑造一个坚定的信念。因为,在信念的指引下,我们才能坚定地走下去,直到取得成功。

第二次世界大战末期,在法国沦陷区,一位被打得皮开肉绽的美国士兵被德国军官推出来示众。

这个美国士兵目光炯炯地掠过悲愤而又无奈的人们,他慢慢地举起了凝着血痂的手,用中指和食指比划出一个"V"——胜利的标志,人群顿时沸腾了。

美国士兵的行为激怒了这个德国军官,他命人砍去美国士兵的手,美国士兵痛得昏死过去。然而,当他清醒过来后,又艰难地站了起来,鄙视地看了看那个军官,然后脸上带着微笑,面对着人群。突然,他伸出两只没有了手掌的滴着血的双臂,组成一个大大的"V"字。这时,全场一瞬间变得死一般沉寂,一会儿人们又掀起了一阵沸腾。

瞬间,德国军官明白了他半生都未弄懂的道理——即使他能砍去士兵的手臂,也无法砍去这个字母所代表的信念。

虽然,对于一个人来说肢体至关重要,但是更重要的是人的信念。军人的信念就是胜利。所以,这个美国士兵的身体虽然被俘虏了,他的心、他的信念没有被俘虏,他的意志并没有倒下。

由此可见,一个人受到身体上的伤害并不可怕,可怕的是失去了牵引命运的绳索——信念。

信念,是一个人的精神支柱,没有了这个支柱,人便如行尸走肉一般,没有半点儿强硬。有信念的人会勇往直前,没有信念的人往往畏首畏尾。一个人只要信念不倒,那么就没有什么能将他打倒。信念的力量在于即使身处逆境,也能帮助你撑起前进的船帆;信念的魅力在于即使遇到险境,也能召唤你鼓起生活的勇气;信念的伟大在于即使遭遇不幸,也能促使你保持崇高的心灵。所以说,信念是人生旅途中必不可少的行囊。

美国前总统里根说:"创业者若抱着无比的信念,就可以缔造一个美

好的未来。"美国著名的解剖学、心理学教授威廉·詹姆斯也说过:"不可畏惧人生,要相信人生是有价值的,这样才会拥有值得我们活下去的人生。"

一个拥有信念的人,就算身陷挫折和不幸,也能坚定地走下去,积极乐观地面对生活。信念会在人们的心中燃起一把希望之火,让人不达目的不罢休。那些没有信念的人,往往会懦弱自卑,抱着破罐子破摔的心态混日子,这样是不可能真正体会到生活的乐趣的。只有拥有信念,我们才能拥有生活的方向感,人生才会有目标、有奔头。

由于长期以来的种族歧视,美国黑人的社会地位很低下,因此,很久以前的黑人很少有进入高层政界的。罗杰·罗尔斯却是个例外,他荣幸地担任了美国纽约州的州长。

罗杰·罗尔斯在一个环境恶劣的贫民窟里长大,那里充满暴力,偷渡猖獗,聚集着四面八方的无家可归者。

罗杰·罗尔斯所在的学校条件很差,学生素质低劣,经常打架斗殴和逃课。上世纪60年代,皮尔·保罗担任了这所小学的校长,看到学生们的顽劣表现,他直皱眉头。他想出了很多办法来引导和感化他们,但都没有用。后来他注意到学生们有一个特点:他们都很迷信。他的眼前一亮,便想借助这一点鼓励学生好好学习。于是,他开始给他的学生们看手相占卜未来。

有一次,罗杰·罗尔斯当着皮尔·保罗的面从窗台上跳了下来,大大咧咧地把脏今今的小手伸给皮尔·保罗,让他给自己看手相。皮尔校长说:"我一眼就可以看出来,你以后将是纽约州的州长。因为你修长的拇指预示着将来要主政。"

皮尔校长的话让年幼的罗尔斯很吃惊,因为,从小只有他的奶奶说他以后可以成为船长。而这一次学校校长竟说他可以成为纽约州的州长,这是他想都没有想过的事情,因此他记住了这句话。

从那以后,纽约州长就成了罗尔斯的人生目标,他认为州长应该是具有绅士风度的，于是他的衣服开始变得干净整齐，他所说出的话开始变得文明起来。在此后的几十年中，他时时处处以一个州长的身份要求自己。坚守信念数十年的他，最后终于换来了他想要的回报：在他 51 岁时，他真的成为了一名州长。

在发表州长就职演说时，罗尔斯说，当年，皮尔校长的一句话成了他当州长的信念，让他树立了为人民服务的崇高目标。

对于一个人来说，一个积极的鼓励即使是一个善意的欺骗，如果你坚持不懈地为之而努力，也会有实现的可能。罗杰·罗尔斯最终成为美国州长就是一个最好的例子。

信念，不是什么神秘的宝典，只是一种明确的人生目标。所以，无论你做什么，首先都要相信自己，相信自己一定能通过努力达到预期的目标。信念是一以贯之的坚定心态，信念是牵引命运的绳索。最重要的事是你一定要牵住命运的绳索，一旦你松开命运的绳索，你就会变得无所适从，最终可能一事无成。

罗曼·罗兰曾说过："人生最可怕的敌人就是缺乏坚强的信念。"坚强的信念不是与生俱来的，它总是存在于信念向现实逼近的坚持中。信念的坚持主要是靠你自己，任何人都不可能把信念放在你的心中。只有你自己才能左右你的行为，这也是信念之所以能发挥巨大影响力的主要原因。

永远保持对生活的激情

"每天早晨醒来,一想到所从事的工作和所开发的技术将会给人类生活带来巨大的影响和变化,我就会无比兴奋和激动。"这是比尔·盖茨说过的一句话。他认为,一个优秀的员工,最重要的素质就是对工作的激情。于是,他将这种理念贯穿于微软公司的上上下下,成为微软王国企业文化的核心。

所谓的激情其实就是"野心"。通常我们看到一些有"野心"的人,都会觉得他们在异想天开,认为他们太过天真。可是太多的事实证明了那些成功者都是这样的人。激情有时候会是我们平静生活的调节剂,他可以调动我们心中的活力因子,鼓励我们不断地进步。一个甘于平庸的人,他是不可能有任何激情的,因为他的内心少了一股气势,一种迫切想要改变现状、改变自我的欲望。

激情是一种个性,也是一种积极向上的态度,更是一种宝贵的精神。枯燥乏味的工作、生活中,激情可以让一个人的生活变得生动有趣,而且可以感染身边的人,从而拥有良好的人际关系。

一天,美国作家威莱·菲尔普斯去买袜子,店员是一个十几岁的少年。看到有客人,少年问道:"先生,您想买点儿什么?不过,我先要恭喜您,因为我们店是世界上最好的袜子店。"

然后,少年从一个个货架上拖下一只只盒子,把里面各种的袜子摆在威莱·菲尔普斯的面前,让他随意挑选。

"等等,小伙子,我只要买一双!"威莱·菲尔普斯说道。

"这我知道，"少年说，"我只是想让您看看，这些袜子有多美、多漂亮！"少年的脸上满是喜悦和神圣，虽然他只是一个袜子店的店员，但却拥有一个虔诚的传教士在传教时都不一定拥有的热情。

这个卖袜子少年的激情感动了威莱·菲尔普斯，他完全忘记了自己要买袜子这件事，慨叹着对那个少年说："亲爱的朋友，如果你每天都能这样充满热心和激情，不到10年，你就会成为美国的袜子大王。

虽然只是一名平凡的售货员，可是这个少年从工作中找到了乐趣，并且满怀激情地对待这份工作，如此这般的员工，是哪一个老板不想要的呢？

黑格尔说过："没有激情，世界上任何事业都不会成功。"一个人只要以精益求精的态度，再加上火热的激情，无论在哪一个行业，他都会有一番成就。如果一个人鄙视、厌恶自己的工作，那么他一定会失败。充满激情，我们不仅可以让别人看到我们的活力，久而久之，还会潜移默化地成为我们一种内在的习惯。这种习惯可以让我们摆脱怯懦的心理羁绊，走向成功的坦途。

著名人寿保险推销员弗兰克·贝特格在他的自传中，用自己的亲身经历证明了激情对于工作和事业的意义：

"在我成为一名保险推销员之前，我是一名职业棒球手。在我刚转入职业棒球界不久，我就遭到了有生以来最大的打击——我被球队开除了。球队老板开除我的理由很简单——我打球无精打采。"

"老板对我说：'弗兰克，很抱歉你得离开这儿了，但是请你记住，无论你今后去哪儿，做什么工作，都要振作起来，绝不能死气沉沉的，因为做事情最不能缺乏的就是激情。'幸运的是，我记住了他的这段话，这是一个非常重要的忠告，虽然因为这段话我失去了自己的工作，但我醒悟得还不算太迟。于是，当纽黑文队签下我时，我下定决心一定要成为这支球队甚至整个联盟最有激情的球员。"

"从此以后，我在球场上总是尽我最大的努力来打球。我在场上是如此有激情，如此有活力，掷球是如此之快、如此有力，以至于把内场接球同伴的棒球手套都给震掉了。在炎炎烈日下，为了球队的每一个得分，我不惜体力，在球场上全力冲刺，完全忽略了自己会中暑的可能性。"

第二天早晨，纽黑文当地的报纸上是这样写的：'这个新手充满激情的打法感染了整支球队，引爆了全场的观众。纽黑文队不但赢得了比赛，而且观众的情绪看来比任何时候都好。'那家报纸还给我起了个绰号叫'锐气'，称我是队里的'灵魂'。而事实上，3个星期以前我还被人骂作'懒惰的家伙'。于是我的月薪从25美元涨到185美元。让我的月薪暴涨700%的原因并不是我有出众的球技，而是我打球时的激情。"

"退出职业棒球队之后，我去做人寿保险推销工作。最初的10个月是令人沮丧的，直到我被卡耐基先生一语惊醒。他说：'弗兰克，你在推销时的言语简直毫无生气，换作是我，我也不会买你的保险的。'我忽然发现我丢掉了我在之前当棒球运动员时最宝贵的财富，我决定以我加入纽黑文队打球的激情来好好推销我的保险。"

"有一天，我走进一家店铺，鼓起我全部的勇气和热情试图说服店主买我的保险。他大概从未遇到过如此热情的推销员，只见他挺直了身子，睁大眼睛，认认真真地听着我把话说完，而不是像我以前的客户那样根本不给我说下去的机会就找个借口把我赶走。最终他没有拒绝我的提议，买了一份人寿保险。从那天开始，我才算是真正地成为了一个推销员。在我12年的推销生涯中，我目睹了许多的有激情的推销员的收入成倍地增加，同样也目睹了更多人由于缺少热情而终究一事无成。"

激情是一种能转化为行动的思想，它就像螺旋桨一样驱使我们到达成功的彼岸。在充满激情的氛围之中，我们那些消极的情绪会自动消失，我们可以快速地集中自己的注意力，在一定程度上甚至会让我们更加自律。

一个具备了永恒激情的人,会自始至终勤勤恳恳、兢兢业业地去不断努力,不断地去摒弃别人的冷嘲热讽而更加斗志昂扬。坚定必胜的信念,不断地去学习有用的新东西,不断地去调查、分析、研究市场和项目,不断地去挖掘和寻找新资源,不断地去克服一个又一个的困难,化解一个又一个的矛盾。

每个人都要主动地去发现自己身上的激情,而不是等待他人来点燃你的激情火焰。自己不努力,别人永远无法让你激情满怀。自己不努力,永远不可能享受到激情的畅快淋漓。不管在何时,保持积极的心态,拥有良好的心境,必定能造就真正的成功者,拥有成功的人生。

第十课
努力,努力,再努力

如果林书豪没有在这几年疯狂地提高他的球技,他就不可能抓住这次机遇。努力工作是没有捷径的,成功是努力的结晶。如果你母亲非常严厉,总是逼你去努力工作,那很好。如果不是,那就让你的意志成为你自己的鞭策!林书豪每天早起晚睡,没有人鼓励他。凭什么你应该有?你只能控制你能力范围内的东西,这意味着你需要比任何人都努力。

只要勇于坚持,胜利终究会到来

坚持就是胜利。这不仅仅是一句广告词,同时也是对那些始终努力拼搏,不曾放弃希望的人的最好的鼓励和最大的褒奖。拿破仑·希尔说:"幸运之神要赠给你成功的冠冕之前,往往会用逆境来严厉地考验你,看看你的耐力与勇气是否足够。"无论做任何事情,都要沉住气、坚持到最后,否则,虽然只差一点儿,也等于从未开始。

美国时间 2012 年 2 月 19 日,林书豪效力的纽约尼克斯队坐镇主场迎战来访的卫冕冠军达拉斯小牛队。在篮球场上,卫冕冠军往往是最可怕的对手。实力强劲只是其中一方面的原因,更重要的是,卫冕冠军是最没有秘密的球队,因为在上个赛季的夺冠之旅当中,这支强队的优点和缺点都已经暴露无遗,而他们的每一个对手都会去刻意针对他们的弱点,这也就决定了卫冕冠军球队必须要以百分之百的专注度来面对每一个对手。一只实力强劲、经验丰富并且极度专注的球队,这就是卫冕冠军的可怕之处。

所以,在面对达拉斯小牛队的时候,即便林书豪和他的纽约尼克斯队近来状态火热,也很少有人真相信他们会赢。

比赛一开始,尼克斯队延续了近来的良好状态,而小牛队则投篮手感不佳。在第一节,尼克斯队就取得了 12 分的领先优势。但是,冠军毕竟是冠军,比分落后的小牛队并没有丝毫的慌乱,他们按部就班地展开反击,当家球星诺维斯基开始接管比赛,并且加强了防守的力度,很快就把比分追了回来,到半场结束时,尼克斯队的领先优势已经只剩下了 3 分。

第三节往往是强队和弱队拉开比分差距的一节。在第三节小牛队打出了窒息般的防守,诺维斯基恐怖地连砍 8 分,而林书豪被包夹后频频失误。小牛队在不到 4 分钟时间里打出了一波 15:5。此时的纽约尼克斯队已经到了崩溃的边缘,如果不能咬住比分的话,整个第四节都将成为垃圾时间,小牛队又会像以往那样,靠着一个强势的第三节就使比赛完全失去悬念。

如果放在半个月前,纽约尼克斯队可能已经放弃比赛了,但是现在,这支球队有了灵魂。在关键时刻,林书豪的坚持拯救了球队。两次 2+1,造罚球,紧接着又是一记单手灌篮!林书豪在第三节最后时刻独得 8 分,林书豪坚持不懈的努力让比赛重新产生了悬念。

关键的第四节,林书豪用自己的坚持带动了整支球队。在第二节和第三节打得死气沉沉的队友们纷纷活跃了出来。白人射手诺瓦克连续接到林书豪的助攻命中三分球,林书豪用自己的得分和助攻彻底瓦解了卫冕冠军的防守!诺瓦克在林书豪精妙传球的滋润下第四节单节拿下了了 14 分,而在比赛的关键时刻,林书豪在诺维斯基的防守之下强行出手三分命中,彻底锁定了比赛的胜利。104:97,虽然得分机器一般的诺维斯基全场拿下恐怖的 34 分,虽然曾经被小牛队大比分领先,但是在林书豪的带领下,纽约尼克斯队坚持住了,并且用自己的顽强和努力逆转了整场比赛。这场比赛的走势就像是林书豪整个篮球生涯的缩影,坚持不懈,神奇逆转。这就是篮球比赛的魅力,这就是林书豪成功的秘诀!

很多人都羡慕林书豪所取得的神奇成功,并且将林书豪的崛起称为"上帝的剧本"。如果我们从林书豪的经历中只看到传奇,看到不可思议,而看不到林书豪在奋斗的过程中所付出的努力与坚持的话,那么我们永远不可能像他那样成功。

事实上,当我们在为心中的目标而努力时,其实很多时候是看不到自己离成功还有多远的。有些人拼搏了一阵而仍然看不到希望,他们便开始产生怀疑,变得垂头丧气,渐渐地发展成越来越强烈的绝望,直至放弃了努力。

殊不知，也许就在放弃努力的那时那地，成功已经离你很近了，只要再向前走几步，便能拨开乌云见晴日了。但就是因为你没有坚持到最后一刻而放弃，也就永远与阳光无缘了。我们所遇到的挫折，其实都只是一种考验。既然生命还没有对你说"不"，你又何必未战先降呢？

在没发现镭之前，几乎所有的化学家、物理学家对于镭的发现都持观望态度。但是，当时的居里夫人给自己提出了一个重大的攻坚任务：下决心，从沥青状铀矿中取出"相当"分量的镭，拿出"真凭实据"来，证明这种"神秘"射线的存在。

就这样，在没有钱买沥青状铀矿做试验的情况下，居里夫人和丈夫就用沥青状铀矿的残渣供试验用；没有实验室，他们就借用所在学校的一间简陋的木板房搞实验。两位科学家向大自然的挑战就这样开始了。

日复一日，年复一年，4 年时间过去了，尽管居里夫妇历尽了千辛万苦，可是试验仍然没有取得成功。

1902 年深冬的一个雪夜，居里夫妇又如同往常一样，向他们的实验室走去。当皮埃尔·居里准备划火柴开门的时候，被玛丽·居里拦住说："不要点亮。"

当他们摸黑走进小屋时，顿时被眼前的景象惊呆了。这间简陋的木板房简直成了一个魔宫：从瓶子里、罐子里、桶里放出一片晶莹的蓝光，特别是那支盛试验产物的玻璃管里，放射出来的光更加强烈。看不见的射线，看见了！神秘的射线被揭穿了！他们日思夜想的镭诞生了！

大多数的人都只看到居里夫妇获得诺贝尔奖的风光，却很少有人注意到他们在这 4 年中所付出的艰辛和努力，至于这里面究竟盛着他们多少劳动的汗水和智慧，那却是无法计算的了。是的，因为向往春天，小草才燃烧成一种顽强；为探知谷底之谜，河流才能把生命摔成碎瓣；为了实现成功之梦，坚持就是你必须做的一门功课。坚持就是胜利，这就是居里夫妇和林书豪取得成功的秘诀。

我们常常会在前进的路上遇到各种艰难困阻,但任何时候都不能松懈、麻痹和动摇。正所谓"行百里者半九十",越接近终点就越难走好。这就告诫我们,做事情要持之以恒,善始善终,愈接近成功就愈要认真对待。哪怕走了九十九里,剩下最后一里没有走完,也算没有成功。如果坚持不到终点,就会失去差不多全部的意义。

学习,学习,再学习

当你走出大学校门的时候,你是否有一种如释重负的感觉——读了十几年的书,终于可以不用再读了,终于解脱了。诚然,谁都有疲倦的时候,但象牙塔里的学习只是为走向社会做准备,而步入社会后的不断学习才能让我们在社会竞争中拥有自己的一席之地。

古人说"技多不压身",俗话说"活到老,学到老",现代人说"生命不息,奋斗不止",可见学习历来被人们认为是非常重要的事。

在社会发展缓慢的古代,一技傍身或许可生活无忧,但在知识呈爆炸性增长的现代社会,"书到用时方恨少"是我们常常碰到的事情。无论是刚走出校门的毕业生,还是工作经验丰富的职场人,都有一个共识——仅仅靠在学校的知识积累根本没办法保持自己的竞争优势。

人的一生要想生活得幸福、有价值,需要具备很多种能力,其中,学习的能力必不可少。我们必须不断更新自己的知识,充实自己、提高自己,才能跟上时代的步伐。学习更新知识,知识改变命运!

少年时代的汪哲红和大部分人一样,读完了小学、初中和高中,走向了社会。19岁的他在哥哥开的罐头厂里上班,平淡的生活没有磨去他的斗志,倔强的性格使他立志要成为一个成功的生意人。

在哥哥的工厂里待了不久，汪哲红来到深圳。他发现，城里的房子越建越多，装修行业大有可为。汪哲红想做装修生意，但他既无资金，又无经验，如何做生意？好在年轻的汪哲红一不怕吃苦，二不怕学习，他先去了一家装修公司打工，从学徒做起，埋头苦干了几年。

通过几年的不断打拼，汪哲红赚到了他人生中的第一桶金。接着，他远赴长春创办企业，他要积累更多的资本和经验，为成为一个成功的生意人。

在长春，汪哲红的企业越做越大，钱越赚越多，但他并没有因此感到快乐和满足，反而有些失落。生意场上的几次经历刺痛着他的心：由于文化水平较低，表达能力欠缺，在与他人的竞争中，好几次都被别人抢走了生意；同别人签合同时，由于理解有误，又吃了好几次哑巴亏；还有些人总是在背后笑他的字像小学生一样，难看得要命！他知道光有钱是不够的，要丰富自己的学识和内涵，用知识来武装自己的头脑，成为一个有文化的生意人。

汪哲红自费去高校学习文化课程，借此提高自己的文化知识。同时，他还做起了文化生意，主动与文化人打交道。和他们在一起，汪哲红不仅更会做生意了，还学会了很多做人的道理，提高了自己的修为。

"做一个精神富足和物质充裕的人才是我这一生真正的追求。"如今，汪哲红的事业已经越做越大，但他依旧常说："我还要不断学习，才不至于被社会淘汰，才能在竞争中立于不败之地。"是学习让汪哲红改变了自身的命运，学习将伴随着汪哲红的一生。

现实中有太多随遇而安、随波逐流的人，过着十年如一日的生活，如果汪哲红也和这些人一样安于现状、不思进取，那么他也会被淹没在人生的命运长河里。

"三日不读书，便觉面目可憎"。读书或许不是我们的爱好，但学习不能不成为我们的习惯。爱读书或许成不了企业家，但不学习你可能永远只是打工仔。让学习成为我们人生的旅伴,你会发现,在时代的洪流中你会永远立于不败之地。学习,学习,再学习,这才是适合现代年轻人发展的观点,例如,如今已经大红大紫的匹克集团董事长许景南,正是通过学习,让自己的人生有了更加完美的答卷!

少年时代的许景南,是一个连初中学历都没有的穷小子,只能靠拉板车为生。但就是在这样的境遇中,勤奋、聪明、好学的他没有浪费任何一次学习的机会。

那时候的生活真苦啊,今天拉石头,明天拉砖头,后天拉木料,繁重又枯燥。许景南知道他必须学习更多新的东西,才能摆脱这样的生活。

他跟在师傅的后面,勤快地跑来跑去,希望能学到更多的技术。有时没有人愿意教他,还对他冷言冷语,说你连初中学历都没有,能学会什么啊。许景南很难过,但他没有就此放弃学习。他偷偷观察,偷偷学习,不仅学习技术,还学习老板是如何经营如何管理的。

学到了技术之后,许景南想自己干,但他没有资金,就用自己的力气去交换。他跟一个矿主谈好,用免费的劳动力换取锅炉烧掉的煤渣。每天他把没烧完的煤拣出来,去打铁,再用细灰去烧砖,纯渣用来做建筑隔离层,这样慢慢就形成了一条产业链的雏形。

有了一定的经验之后,许景南开始独自办厂。当了老板的许景南依然没有停止学习,无论工友、师傅还是老板,都是他的老师。他先后创办了包装厂、拖鞋厂、木箱厂、机砖厂等10多个企业,实力越来越雄厚,最终成立了匹克集团有限公司。

我们不要再去哀叹曾经荒废的校园时光,也不必再去抱怨没有更多的时间走进课堂。我们必须具备在社会中学习的能力,利用一切可以学习的机会,不拘于方法和形式,学习,学习,再学习。读万卷书是学习,行万里路是学习,与人谈天说地也是学习,在工作中与同事们互相交流和切磋更是学习。许景南的"偷师学艺"正是如此,如果没有他的善于学习,愿意学

习,那么现在的他,也只是芸芸众生中的一个平庸者。

已经成为明星的林书豪,至今依旧在不断学习,不断提高,更何况几乎一无所有的我们?不耻下问,拥有一个良好的学习态度;戒骄戒躁,营造一个渴求新知的积极心态。在顺境中要学习,你才会体会到"一览众山小"的豪情壮志;在逆境中更要学习,你才会拨云见日,领略到"柳暗花明又一村"的喜悦心境。

不抛弃,不放弃

"这个太难了,我还是放弃吧。"

"老板给我的任务太重了,我真的坚持不了了。"

这样的抱怨,相信每个年轻人都曾有过。的确,生活中总是充满了困难与挫折,每走一步都步履维艰。我们也曾经努力,但似乎总看不到希望,很多人都在曙光到来之前放弃了。放弃不只是问题无法解决,还将导致人格的失败和心灵的挫败感。坚持不是手段,而是一种信念,在你的成功之旅中,往往发挥着重要的作用,不轻言放弃就是你人生成功的第一步。再坚持一下,成功就会到来。

也许我们的自然条件不够优越,没有什么优势,但只要坚持理想,持有不抛弃、不放弃的信念,事情就会向着我们希望的方面发展,并最终达到我们的目标!

NBA的比赛我们都喜欢看,我们都知道,想成为这支国际职业篮球队的队员,身高自然要高出常人许多。但就在NBA掘金队里,却有一个不起眼的小个子,这就是身高只有1.65米的博伊金斯。

1.65米的身高,在东方人里也算矮的,更不用说在身高两米都嫌矮的

NBA 了。博伊金斯不仅是现在 NBA 里最矮的球员,也是 NBA 有史以来破纪录的矮子。但这样的一个小个子,是怎样进到 NBA 球队的呢?

小时候的博伊金斯非常热爱篮球,几乎天天都待在篮球场上。去 NBA 打球是每个爱打篮球的美国少年的梦想,甚至是全世界的少年最向往的梦,博伊金斯也不例外。

"1.65 米的矮个子要打 NBA,你别开玩笑了"。当博伊金斯向同伴们宣布了他的理想的时候,在场所有听到的人都对他嗤之以鼻,认为他简直是异想天开。

但博伊金斯并没有理睬他们的嘲笑,他用所有能利用的时间来练习打球。因为个子小不引人注意,盗球常常得手;像一颗子弹一样,运球的重心很低,不会失误。博伊金斯充分利用自己身材矮小但行动灵活迅速的优势,终于被 NBA 球队选拔为球员。

进入 NBA 球队的博伊金斯依然不被人看好,但他心无旁骛专心打球,最终成为 NBA 球队表现最杰出、失误最少的后卫之一。他不仅控球一流,远投精准,甚至在高个队员中带球上篮也毫无畏惧。如今,博伊金斯已成为全能的篮球运动员、最佳的控球后卫。

当人们看到博伊金斯游刃有余地穿梭于球场的时候,心里总忍不住赞叹!他不仅让更多人认识到"矮个子也有春天",也鼓舞了平凡人的斗志。

历史上的成功人士,无一例外都受到"不抛弃,不放弃"这一信念的激励。例如民国之父孙中山、伟大领袖毛泽东,他们在实现理想的过程中遭遇了太多的困难与挫折,正是"不抛弃,不放弃"的信念支持着他们,才使他们最终实现了目标。

松下幸之助的名字我们都不陌生,但他的发家史却很少有人知道。归结起来,"不抛弃,不放弃"正是他的 6 字箴言。松下幸之助自小家庭贫困,瘦弱矮小的他长大后来到一家电器公司谋职。他走进了人事部,向人事部长说明了来意,请求给安排一个哪怕是最低下的工作。

　　看到松下幸之助的落魄模样,部长皱了皱眉头,但他又不好直说,于是就找了一个推托的理由:"目前我们不缺人,你一个月后再来看看吧。"

　　一个月后,部长已经忘了这件事,但松下幸之助再一次来到公司。无奈的部长又假说有事,要他隔几天再来。谁知,几天后松下幸之助又来了。如此反复多次,这位部长终于说出了真正的理由:"你这样脏兮兮的,是进不了我们工厂的。"

　　不过,就在部长说这些的时候,也产生了另外一种想法:"这个年轻人有一份难得的执著啊!"

　　得知了不录取自己的原因后,松下幸之助回到家里开始思索。他并没有放弃,而是借了些钱,买了一套整齐的衣服,穿上后又返回来了。部长只好又想出一个拒绝的办法:"关于电器方面的知识你知道得太少了,我们不能要你。"此时,部长已经对松下幸之助有些刮目相看了。

　　两个月后,松下幸之助再次来到公司。他自信满满地对人事部长说:"现在我已经学了不少有关电器方面的知识了。您看我哪方面还有差距,我一项项来弥补。"

　　部长被松下幸之助感动了,看着他好久说不出话。稳定了情绪后,部长感慨地说:"说实话,我干这行几十年了,还是第一次见到像你这样来找工作的,我真佩服你的耐心与韧性。"

　　就这样,松下幸之助进入了这家公司。后来,部长和总经理谈起此事,因为部长认为松下幸之助这种不屈不挠的气质终将成就大业。果不其然,松下幸之助在这种"不抛弃,不放弃"的心态下,逐渐成为了一个非凡的人物,并打造出享誉全球的品牌——松下。

　　"不抛弃,不放弃",这正是松下幸之助成功的法宝,也应该是我们年轻人的座右铭。不可否认,年轻人的奋斗之路是最难走的路,这条路上充满了艰难险阻,尔虞我诈,一不小心就会摔得头破血流。但是,这条路越难走,也就意味着成功之后给你带来的回报越丰厚,带来的成就感越能令你满足。轻易放弃,前面的努力就会白白浪费;轻易放弃,就给了对手更多的机会。

走在通往理想的路上,你要咬紧牙关,朝着目标坚定地走下去。即使跌倒,即使身陷逆境,你也应该坚定信念。跌得越惨,信心越足,因为这一切挫折最终都将转化为你人生中的"经验值",助你登上成功的顶点!

永远别把希望寄托在别人身上

现在的年轻一代大多是独生子女,吃喝拉撒、事无巨细,被父母照顾的无微不至,从出生到成长的每一步都被父母安排好了,依赖已经成为他们下意识的习惯,用3个字或许可以概况他们的性格:等、靠、要。有人说,独生子女的一代,是软弱的一代,是经不起风吹雨打的一代,是只懂得享受,没有开拓精神和创造精神的一代。

这样的你能适应快速发展的社会吗?没有人再给你洗衣做饭,没有人再对你呵护备至,没有人再为你遮风挡雨,你能承受现实的残酷和压力吗?

阳阳是家里的独子,父母对他一向疼爱有加,饭来张口,衣来伸手。会走路了还是让父母抱着,别的小朋友都可以独立上学了,他还需要父母接送。

懒得动手又不爱动脑的阳阳勉强上到初中毕业。不上学了就需要下地干活,可父母心疼他年龄还小,不让他干活。阳阳也懒得动弹,每天不是躺在家里就是出去游荡。他觉得有父母在,自己不用操心。就这样,家里的重担都落在了父母的身上。因为过于操劳,父亲一年后过世了。可阳阳还是没有什么改变,他想着这不是还有老妈吗?

阳阳又过了几年游手好闲的日子,老母亲也离开了人世,这下子他懵

了，这可怎么办呢？很快他就想开了："我是这村里的人，村里人总不能看着我饿死吧！"于是，他每天就东家蹭一点儿，西家要一点儿。刚开始，大家看着他可怜，给他点儿吃的喝的，可时间一长，大家也不愿意再帮他。村里人劝他："你有手有脚，不憨不傻，自己去找点儿活干。"

没办法，阳阳只好去投奔邻村的表哥，表哥看他的样子，也不会干啥，就为他找了一份在建筑工地打零工的活，每天管三顿饭，还有20元工资。晚上睡在水泥地上，饭菜也很简单寡淡。没干一个星期，阳阳就从工地溜走了。从小就没干过重活累活的他，哪能吃得了这种苦。

好心的表哥又给他介绍了几份工作，可脏活累活他不愿意干，体面的工作他干不了。后来，他干脆赖在表哥家里白吃白住。表哥见他这个样子，仅有的一点儿怜悯之心也没有了，将他赶出了家门。

阳阳四处流浪，沿街乞讨，后来冻死在一个冬天的雪夜里。

无论你出身贫寒或是腰缠万贯，想要得到幸福的生活，都必须学会独立，抛弃依赖心理，不做缠绕寄生的菟丝花。只有拥有独立意识，才可以塑造出一个更加完善的自己。总是依赖他人，怎能获得长久的成功和幸福呢？唯有独立，才能改变自己的处境，才能改变自己的命运！

每个人都应该具有自强不息的独立意识，凡事靠自己，断绝依赖他人的念头。生活中如此，工作中亦是如此，总想依靠别人，到头来你会发现：原来绝路已经包围了自己。

崔佳倩已经在这个公司里干了好几年了，她勤奋、踏实，又善于学习，所以工作起来得心应手，和同事们相处得又好。这天，公司来了一位新同事，是个叫林文静的女孩，这个女孩待人热情，能说会道，同事们都很喜欢她，尤其是和崔佳倩很能谈得来，两人很快就成了好姐妹。

因为林文静刚刚毕业，工作经验有限，再加上有什么问题不喜欢自己想办法解决，总是觉得求助于他人更方便，因此很多问题都请教崔佳倩。"佳倩姐，你快过来看看，电脑里怎么打不出特殊符号！""佳倩姐，这个图是什么意思?我不太明白"……每天,林文静的求助呼喊不断。而好脾气的崔佳倩也是乐此不疲,有问必答,帮她解决了不少问题。

但这样的情况持续的时间一长,崔佳倩有点儿吃不消了,心里想:"她也不能什么事都问我啊,也得学会自己独立解决问题,再说,我也有自己的工作啊。"崔佳倩不明白,这个小姑娘怎么有那么多问题,到底是她在工作,还是自己在帮她工作?"难的问题问我,简单的问题也问,自己一点儿都不动脑子,不主动去解决问题,总依赖别人怎么行呢?"崔佳倩心里嘀咕着。

因为林文静的干扰,崔佳倩自己的工作效率也越来越低,常常不能按时完成工作。她开始有意回避林文静的求助,但林文静已经习惯了崔佳倩的帮助,总是一而再,再而三地央求她。这让崔佳倩感到很为难,不帮吧,面子上过不去,林文静的工作也做不完;帮她吧,又耽搁了自己的事情。

刚好在这个时候,另一家公司在招聘,为了摆脱这种状况,崔佳倩选择了跳槽。

后来,听原来公司的同事说,在崔佳倩离职后不久,林文静也离开了公司。因为崔佳倩走了之后,再也没有人有那么好的兴致解决林文静的各种问题了,林文静无法完成领导交代的工作,常常遭到领导的斥责,并被劝退离开了公司。

有问题请教他人没有错,但不等于自己不思考,不学习,过分的依赖使林文静失去了和崔佳倩之间的友情,也使自己失去了成长的机会。

没有信心,总觉得自己做什么都不行;没有主见,遇到问题自己拿不定主意;优柔寡断,遇到困难总是希望别人来帮助解决。这是依赖性过强的人的特征。有时看到别人成功心生嫉妒,总是认为别人比自己更幸运,比自己更聪明,却没有意识到自己不独立才是难以取得成功的重要原因。

一个人一旦具有这种心理,如果不及时地做出调整,久而久之便有可能形成依赖性人格障碍。这种人一旦开始独立生活,很可能难以适应社

会，他们内心缺乏安全感，时常感到恐惧、焦虑、担心，甚至会患上抑郁症。而一个完全健康的人应该拥有充分的自主性和独立性，不把希望寄托在别人身上。

勤奋可以创造奇迹

有诗云"书山有路勤为径，学海无涯苦作舟"。文学家说，勤奋是开启文学殿堂之门的一把钥匙；科学家说，勤奋能使人聪明；政治家说，勤奋是实现理想的基石；而商界人士说，勤奋是打开金库的钥匙。看看成功企业家的发家史，就会发现他们几乎全都赤贫过，有些人还曾经卖过苦力，但靠着自己的勤劳，都奋斗出了属于自己的一片天。

其实，这其中的道理很简单。"早起的鸟儿有虫吃"，也许你没有别人跑得快，但你一路脚踏实地，不曾停歇。只有付出比常人更多的努力，才会收获更多丰盛的果实。这也就是为什么学经济的林书豪，却能在篮球赛场上站稳脚跟的原因。

年过中年的杨东没想到会遭遇这样的厄运，他下岗了。原本以为接父亲的班进了国有工厂便可一生无忧，谁料想这份看似安稳的工作没能抵挡住改革浪潮的冲击。

杨东有点懵，但他知道他没资格消沉，上有老下有小，妻子的工资又不高，他必须尽快找到工作，维持家里正常的生活。可他只有初中学历，这些年一直待在工厂里，知识和观念都跟不上时代了，再加上这个尴尬的年龄，要想重新谋职哪有那么容易。

杨东想，自己必须先更新观念，开阔思路，读书是一个很好的渠道。他找到那些成功企业家的传记来读。看到这些成功人士也曾经迷茫过、无助过,学历也不高,也是从一无所有开始奋斗,他似乎看到了希望,他决定要自己开创一番事业。

根据自身情况,杨东选择了技术含量不高的家政行业。他租了一间很小的门面,雇了两个工人,印了一些宣传单。每天天刚亮,杨东就像小蜜蜂一样忙碌地穿梭在城市的大街小巷、公司社区,到处发传单。

快一个月过去了,杨东还没拉到一单生意。他没有泄气,他知道"天将降大任于斯人也,必先劳其筋骨,饿其体肤",他努力得还不够。他将宣传单塞进一家一家的门缝,不厌其烦地介绍自己的公司。只有扩大宣传,增加用户的信任度才会有生意。

老天爷终会眷顾勤奋的人,杨东接到了第一笔生意,有人请他去为自己即将开张的公司做清洁。房子又旧又脏,天花板、墙壁、窗户、地面,杨东仔仔细细地干,每一个细节都不放过。500平方米的面积,他只收了500块钱,不光是没有赚到钱,还倒贴了一些人工工资。

别人都笑杨东傻,好不容易有一笔生意,干嘛不多赚一点儿。杨东呵呵一笑说:"只当买个口碑吧"。果然没多久,那个客户又主动联系他,给他介绍了一些客户,并且价格也非常合理。

杨东好奇地问:"先生,您为什么愿意帮助一个萍水相逢的人?"那人笑着说:"看到你,就想起了我刚开始创业时的样子,你人勤奋,活儿又干得好,价格又公道,一定能干成的!"

就这样,杨东的声誉越来越好,生意越来越多,"小蜜蜂"家政公司成了这个行业最响亮的名字!

杨东的故事告诉我们,成功没有捷径,勤奋、吃苦是必经之路。如果不能吃苦,在最艰难的时期,他就会选择放弃;如果做不到勤奋,他也不可能在行业竞争中脱颖而出。

不管你天资聪颖还是愚钝,勤奋是我们每个人都拥有的东西。懒惰的天才会一事无成,勤奋的普通人则会闯出自己的天地。"勤能补拙"的道理

大家都明白,可立下的雄心壮志会在不知不觉着沉沉睡去,唯有付诸实践者才能品尝到成功的滋味。

在一个偏远的山区农村,有一户普通的人家,祖祖辈辈都靠几亩薄田糊口度日。这家的儿子章华不甘心像父辈那样一辈子受穷,跟父亲说想出去闯闯,父亲对他说:"你身无分文又没有一技之长,你就是面朝黄土背朝天的命,别瞎折腾了。"章华说:"我不信命,更不怕苦不怕累,我靠自己的勤奋挣钱。"他义无反顾地离开了家乡,走上了谋生之路。

章华在外面一边打零工,一边寻找赚钱的机会。有一次,他坐在一家工厂门前,看见一辆运煤的货车经过前面的山路,路很坎坷,货车颠掉了很多碎煤块。而且每隔十几分钟,就有一辆煤车经过。章华看在眼里,心里有了主意:我何不将这些碎煤收集起来,再想办法卖出去,这不是无本生意吗?

说干就干,第二天一大早,章华带着扫帚和竹筐,将路上的碎煤装进竹筐里,然后转手卖给附近的饭店与人家。无论酷暑还是严冬,章华都不曾偷懒,日复一日、年复一年地在这里辛勤劳动着。几年之后,章华不再是那个一贫如洗的穷小子了,他有了一笔不小的积蓄。

有了这笔积蓄,他开始做贩卖牛羊的生意,赚到了更多的钱。出身贫寒的章华就这样靠自己的勤劳艰苦创业,最终从一个农村穷小子,变成了腰缠万贯的大商人。

古往今来,成大事者,无一不是经历了无数的艰辛和坎坷才获得了成功。华罗庚说:"聪明出于勤奋,天才在于积累。"天才就是无止境地刻苦勤奋的积累。

"宝剑锋从磨砺出,梅花香自苦寒来",勤奋地对待生命中的每一天,这样你才能创造人生的辉煌!

多做一些就是向前迈进一步

早晨,当别人还在睡懒觉时,他在跑步,为一天的工作能有充沛的精力做准备;晚上,当别人在闲聊时,他在看书;星期天,当别人出去游玩时,他在学习;工作中,别人都敷衍了事,他却事事认真;几年后,当他的同班同学都还是一个普通的会计员的时候,他已经是一个公司的财务总监了。当别人问他:"你是怎么做到的?"他说:"很简单,每天多做一些。"

每天多做一些,每天就向前迈进一步,人生的差别就在这一点。如果你每天比别人多做一些,几年之后,你就会将别人远远地甩在身后。

李嘉诚刚步入社会时,是一名普通的推销员。多年后,已经成为著名华人企业家的他总是被人追问推销的秘诀。李嘉诚说:"这个问题日本'推销之神'原一平也曾经被问到过。"

"哦,那当时他是怎么回答的?"

"他当场脱掉鞋袜,对提问者说:'请您摸摸我的脚板。'提问者摸了摸,十分惊讶地说:'您脚底的老茧好厚!'原一平说:'因为我走的路比别人多,跑得比别人勤,所以脚茧特别厚。'做得比别人多一些,这就是我们成功的秘诀。

刚开始创业时,李嘉诚每天都要背着一个装有样品的大包从坚尼地城出发,马不停蹄地走街串巷,从西营盘到上环再到中环,然后坐轮渡到九龙半岛的尖沙咀、油麻地。

"别人做8个小时,我就做16个小时。别人累了,倦了,休息了,我还在做。这就是我和别人不同的地方。"李嘉诚如此说道。

李嘉诚的经验告诉我们,每个人的先天条件并没有太大的差别,比别

人多干一会儿，多做一些，就和别人拉开了差距。每天多做一点儿，每天进步一点儿，不要小看这一点点的进步，无止境的进步，就是你人生不断卓越的基础。正所谓"不积跬步，无以至千里"。

徐海打小就性格老实，待人真诚。刚刚大学毕业，他在一家大企业做销售员。他没有多少工作经验，再加上沉默寡言，不会虚伪奉承，同事和领导都不太注意他。

这天他早早就上班了，因为公司最近引进了一批新产品，每个人都分配了好多工作，不早点儿去，干不完呢。徐海到了一会儿，同事们都来了，都在议论老板太抠门了，这么多工作，却不增加人手，每天累得他们够呛。

正说着，领导又开始派活了："小刘，开发区那个公司，你今天要去跟进一下，争取把这个单子拿下来！"

"经理，昨天你交代我的活还没干完呢！"小刘一脸的不悦。

"那好吧，小张，你去！"

"经理，我今天要去两个地方，你说的那个地方太远了，我根本来不及，这样吧，你让徐海去吧。"小张打着哈哈。

"徐海，你去，怎么样？"

"好，没问题，保证完成任务！"徐海乐呵呵地答应了，却遭到了同事鄙夷的低语："傻瓜！"

徐海一天跑了 3 个公司，每个都不顺路，大夏天的他一根冰棍也没顾上吃，全身衣服都湿透了。虽然很累，但他心里很高兴，因为今天收获不小。

公司的领导也注意到了这个小伙子，勤快，工作不挑不拣，不推诿责任，总是积极主动地揽活。不错！得多给他点儿机会，现在这样的年轻人不多了。

两年后，徐海的工作业绩在公司遥遥领先，被提拔为部门经理，以前嘲笑他的同事都成了他的下属。

现在的年轻人都是家里的独子，不愿意谦让，更不愿意付出，总觉得多做一点儿就是吃亏。殊不知，中国有句古话"吃亏就是占便宜"。今天吃点儿亏,明天会因为吃亏得到更多的回报。多做一点儿,没有那么难,只需要调整一下心态,你的未来就会因此大有不同!

冯楠是某国际公司驻湖北办事处的总负责人,在说起自己的成功时,他总是这样感慨:"我有今天,全靠当年积极主动地加班。"

说到加班,没有人愿意,只有那些对公司有归属感,在工作中找到乐趣,并有工作目标的人才会愿意加班。当年的冯楠就是这样。

冯楠来这个公司都快一年了,可大公司的分工特别细,除了自己的那点儿活,别的同事的工作自己一点儿都不了解。冯楠有点儿着急,这样下去,自己所学的东西太少了,每天都没什么进步。

可大公司每个人各司其职,没有领导的吩咐,谁也不会多教他一点儿。怎么办呢?为了多学点儿东西,冯楠主动和同事们套近乎。

他给同事们买午餐、倒开水、复印、跑腿打杂,甚至帮他们做些私事。同事们看他又热情又愿意帮助人,都对他有求必应,也愿意他掺和他们的工作。就这样,冯楠学到的东西越来越多,有时,其他同事有事先走,他主动加班帮他们完成。

那段日子过得累但充实,每当回忆起那段时光,冯楠都感受颇深:"对于一个年轻的职场人来说,多做就是福啊!"冯楠表示:"多做,并非是说要当一个被呼来唤去的打杂工,而是积极主动的心态会让你走得更快、更远。"

初入职场,很多人会觉得很难和同事沟通,他们看起来都那么忙,没人有时间耐心地教你,你无法融入到他们中间去。对于他们来说,你是一个新人,同时更是他们的竞争对手,如果你不主动表现出你的善意、你的热情,别人是不会主动接近你的。在合理的情况下主动帮助别人工作,才会赢得和同事交流的机会,以此获得更多的工作经验。多做那么一点点,你就为你的未来赢得了成功的可能!

所以,以林书豪为目标的我们,就应该每天多做一点儿,向前迈进一步。

积极主动铸就辉煌的人生

"守株待兔"的故事大家都听过,现实中也有很多人就像那个"守株待兔"的农夫,幻想着天上掉下馅饼来。其结果只能是错失机会,活活被饿死。

所有的等待都比不上一试,因为成功可能就在这一试之中,只有主动去寻找机会的人才能拥有发展的契机。下面这个故事就说明了这一点。

郑奇在办公室里踱来踱去,公司现在的情况令他忧心忡忡。在西安这样的省会城市里,大大小小的广告公司多如牛毛,无论从资金和规模来说,目前他都没有什么优势。公司开张几个月,没赚到什么钱,反而赔了几万元。

再这样下去,公司将岌岌可危,郑奇的心揪了起来。可公司现有的都是小客户,带来的利润实在是太少。只有和那些大公司竞争,把他们的客户吸引过来,拿到大订单,公司才能发展。

想到这儿,郑奇立刻开会安排工作:"公司员工还不多,几个经验丰富的员工主要负责大客户的开发,几个新员工维持和吸收小客户。"

郑奇的话音刚落,员工们的质疑声四起:"别大鱼没钓到,小鱼也给放跑了,还不如维持现状稳妥。"

"舍不得孩子,套不住狼。我们必须要主动出击,才有出路。"郑奇的话掷地有声。

第二天,郑奇和员工们开始一起去拜访客户,宣传自己的公司和创意。开始,很多客户觉得他的公司既没有名气又没有实力,都不愿意和他合作。

但郑奇坚持自己的想法,终于利用一个极佳的创意和较低的报价,取得了一个大型活动的策划项目。他号召全体成员全力以赴,他说:"这个机会,是我们千辛万苦争取来的,我们一定要一举成功!"

郑奇的这番鼓动,让所有成员都铆足了劲,决心与那些大公司一较高下。为此,公司连续半个月没有休息,加班加点,终于将这个项目完美完成!

因为这个项目的成功,公司开始有了转机,走向了良性的运转。

如果郑奇当初不做出改变,不主动寻求机会,不竭尽全力完成任务,那么他的公司可能早已被市场淘汰。正是有了敢于和其他公司一较高下的勇气,郑奇所率领的团队才能在短时间内迅速取得进步,实力得到大增。

创业如此,身在职场更是如此。在人才过剩,竞争残酷的今天,被动只会坐以待毙,主动才可以占取先机。

在职场上,有这么一种人,领导交代他什么,他就做什么;领导不交代,他眼里就没有活;甚至领导交代的事,他也哼哼唧唧不好好完成。只有那些不需要别人催促,就会主动去做,并且力求完美的人才有可能成功!

看下面这个小故事。

一位销售经理与几家公司谈合作事宜,他先来到第一家公司,谁知前台接待却表现得很冷淡:"对不起,老总出差去了,我们做不了主!"

见对方这么说,销售经理只好讪讪地走了。接着,他又来到第二家曾经有过业务往来的公司。不巧的是,这家公司的老板也不在。他很失望,正准备离开,接待他的员工热情地叫住了他:"可以给我讲讲你们的新产品吗?"听完他耐心的讲解,这位员工说:"这产品不错,你明天送几个样品过来,我们看看再说。"

第二天,销售经理一早便赶到那家公司。昨天接待他的员工已经跟老总汇报了这边的情况。老总很看好这个项目,让他负责先进一批试销。由于货物好,又是独家经营,不到一个月就净赚了20多万元。老总非常高兴,马上又进了一批。

这时,销售经理去过的第一家公司听说这个产品销售得很好,联系他

想进货。可库存有限,加上他对第一家公司的印象不好,所以把货都给了第二家公司。这家公司凭这个产品大赚了一笔。

后来,销售经理把这事告诉了第二家公司的老总,并夸他的员工做事积极主动,对人热情。老总非常高兴,在公司大会上表扬了那位员工,还对他进行了提拔和奖励。

这个故事形象地反映了职场中对工作抱有不同态度的两种人,一种消极冷淡,一种积极主动。积极主动者为公司促成了一桩生意,同时,也赢得了老板的赏识和奖励。其实,热情一点儿,积极主动一点儿并不难,有时只是一句温暖的话,一个可亲的笑脸,一个动作,一种态度,但却会改变很多事情。

在很多人抱怨工作难找的今天,老板们也在感叹"人才难求"。老板需要什么样的人才?是那些能积极主动做事、能创造价值的人才;是那些善于自我监督、自我激励的人,而不是用鞭子抽打着才走的人。

这一点,比尔·盖茨也曾有过精辟的论述:"一个好员工,应该是一个积极主动去做事,积极主动去提高自身技能的人。这样的人,不必依靠强制手段去激发他的主观能动性。"身为公司的一员,你不应该只是局限于完成领导交给自己的任务,而要站在公司的立场上,在领导没有交代的时候,积极寻找自己应该做的事情,主动地完成额外的任务,出色地为公司创造更多的财富,同时也扩大自己发展的空间。

无论你的工作地位如何平凡,如果你能像那些伟大的艺术家投入其作品一样投入你的工作,所有的疲劳和懈怠都会消失殆尽。以饱满的热情积极主动地投入工作,才能铸就辉煌的人生,才能成为"林书豪第二"!

附录
林书豪给中国父母的启迪

在每一位中国父母的口中都有一个"别人家的孩子",而这个"别人家的孩子"却往往是孩子们心中最痛恨的那个人。毫无疑问,林书豪的崛起让中国父母口中的"别人家的孩子"又多了一位。

但是,让孩子学习篮球,孩子就会成为下一个林书豪吗?恐怕未必。中国父母真正应该学习的,并不是如何让自己的孩子去复制林书豪的成功之路,而是效仿林书豪父母的教育理念,看看他们是怎样让这个原本普普通通的大男孩变成"林来疯"的。

别把自己的兴趣当成孩子的兴趣

　　林书豪的父亲和母亲是在上世纪 70 年代从中国台湾地区移民来美国的,在林书豪的成长道路上,他也曾遇到教育重压和个人兴趣选择的问题,幸运的是他有一位开明、不功利的父亲,支持他坚持做自己感兴趣的事情。在孩子的成长过程中父母对孩子的影响很重要,作为父母的我们,在林书豪的成长故事中能得到一些启发。

　　林书豪的妈妈吴信信女士是一个土生土长的中国台湾地区的人,她一直坚持传统的台湾教育理念。在台湾人看来,钢琴是一项优雅的业余爱好,而医生是一个备受尊敬的职业。因此,林书豪的妈妈从小就敦促林书豪勤加练习钢琴,并且希望他以后可以成为一名医生。幸好普渡大学计算机工程学博士毕业的林爸爸林继明坚持让林书豪做他自己感兴趣的事情。"我完全没有想把他培养成职业球员的想法。如果那个时候他说自己不喜欢这个运动,那么我不会强迫他做这些事情。"林爸爸如此说。

　　林书豪的篮球基因和对篮球的热爱是从父亲那里继承来的。虽然只有 1.67 米的身高,但林继明疯狂地热爱着篮球。几年后,他的第一个孩子已经 5 岁了,林继明开始向他传授那些从录像中学来的技巧。随后就是林书豪,最后是小儿子约瑟夫。

　　林书豪 5 岁时开始接触篮球。他被带到一个基督教青年会参加儿童篮球联赛。不过,他并非与篮球一见钟情。"那个赛季,他有一半比赛是站在球场中央吮吸大拇指。"比他年长 4 岁的哥哥如此回忆。

　　后来,母亲不再去看他打球了。林书豪恳请母亲重新回到场边。她向儿子承诺只要他改变态度,自己就会去助阵。"他当即就表态'我会拼命,努力去得分'。"哥哥透露。母亲真的去了,而弟弟也砍下儿童比赛规则下所能得到的最高分。"从此之后,他正式在篮球路上起飞,再也没回头。"哥哥说。

林继明用各种方法培养孩子们对篮球的兴趣,并制定了严格的家庭训练制度:每周训练 3 次,每次 90 分钟,风雨无阻。一家人因为这个制度而过上了不一样的生活。每天一放学,孩子们会迅速完成家庭作业,然后从晚上 8 点半开始与父亲一起训练,项目包括基础技术训练以及 2 对 2 的对抗赛。林继明确信:成功来自于扎实的基础,从这个年纪开始苦练,这些技术才能在未来的比赛中运用得更好。

后来,林书豪真的爱上了篮球,篮球成了他生命的一部分。林书豪的父母当然也不会反对他打篮球,甚至在林书豪做出将篮球作为职业的决定之后,他们依然全力地支持他,给他提出各种合理的建议。不为别的,就因为打篮球是林书豪的爱好,是他自己选择的人生之路。

林书豪的母亲在接受采访时说:"我们一直都有谈过,你想将来打球没问题,但是你要有一个后备的职业,万一你受伤不能打的时候,你怎么办?所以我们一直强调功课还是很重要的。做学生嘛,学生的工作就是先把书读好。所以我们对他的要求是只要先把书读好,你要打多少球都没有关系。但是,如果你的成绩退步,我们就要调整你打球的时间。"

不能因为打篮球而荒废学业,这是林妈妈唯一坚持的原则问题,只要林书豪能做到这一点,父母就会全力支持他实现自己的梦想。"在我成长的过程中,我妈妈的一些朋友会告诉她说,让我打篮球是浪费时间。她受到批评,但是还让我打,因为她看到我打篮球时很快乐,她希望我快乐,所以支持我所做的事情。有意思的是,我进入哈佛以后,那些过去批评我母亲的朋友反而来问她,他们的孩子应该做什么运动才能进入哈佛。这是一个很有意思的转变。"林书豪在谈到这件事的时候,话语中充满了感激之情。

当然，林妈妈的那些朋友前后在态度上发生的转变也是值得家长们深思的。

由此可见，最初林书豪家庭的做法和我们很多父母一样，在孩子很小的时候灌输他们很多知识和技能，而有时这些只是家长自己的梦想。好在林书豪的父亲对篮球疯狂地热爱，并且做到了尊重孩子的选择。最重要的是，在培养起孩子的兴趣后，他们做到了风雨无阻的坚持。作为家长，我们不妨反思一下，我们为孩子规划好的人生之路，到底是我们的兴趣还是孩子的兴趣？让孩子按照家长的规划发展，很可能产生家长热衷，孩子冷淡的尴尬局面，而让孩子按照自己的兴趣来发展，父母在背后给予孩子支持，相对来说则是更加合理的教育模式。这两种模式教育出来的孩子哪个更容易成功？其答案也就不言自明了。

没有任何一个自卑的孩子能够取得成功

自卑是孩子成长过程中一只相当凶猛的拦路虎。林书豪的成长之路上，同样遭遇过自卑的困扰。林书豪作为美籍华裔，每天面对的都是不同肤色，不同文化背景的人，林书豪自己也深知，黄皮肤的自己在同学们的眼中始终是有些不同的。生活环境潜移默化的影响最容易影响孩子的心理，使他们产生自卑感。

让林书豪感到更加自卑的是在篮球场上。美国媒体曾这样形容亚裔球员："在美国篮球界，身为亚裔球员，你的头顶上总有一个难以穿越的玻璃天花板，透明却坚硬。"纯正的亚洲血统，是林书豪篮球道路上的无形障碍。虽然有姚明、易建联这样的中国 NBA 球员出现，但在多数美国人眼里他们全是靠身高优势。

就在前几天，当 ESPN 打出"chinkinthearmor"（穿上盔甲的中国佬）的标题时，全美哗然了。亚洲人、西班牙人、黑人，甚至土生土长的美国人都站了出来，他们将视频上传至 Youtube，告诉 ESPN，"你们的说法是多么的愚蠢。"一个白皮肤、典型的西方少年在一段视频上说，"你们这么形容林书豪，简直就是可笑的偏见在作祟，我们这个时代，人人平等，为什么还会有这种偏见？"林书豪在事发第二天回应："我相信他们不是有意中伤，也不会有什么目的，既然他们已经道歉，我也不会再计较。"

想想看，在林书豪成名之后仍然会有这样的偏见降临在他的头上，我们也就可以想见林书豪小的时候曾受到过怎样的嘲笑了。高一时，林书豪入选校队，一年后他入选分区年度最佳二年级生阵容，随即又两度荣膺最有价值球员。然而，虽然拥有美国国籍，但歧视和嘲讽一直在学校里伴随着林书豪。每当他走进篮球场的时候，就会有人不屑地说："快回去吧，中国人，这里是篮球场，没你的事！"还有人说："看他那细长的亚洲人眼睛，能看得见篮板吗？"林书豪当时的身高只有 1.60 米，在一群身材高大的美国学生中就像个"小不点"，这更加重了他的自卑感。

从心理学层面分析，自卑是一种消极自我评价或自我意识，即个体认为自己在某些方面不如他人而产生的消极情感。具有自卑感的人总认为自己事事不如人，在与人打交道的时候总是自惭形秽，毫无自信，悲观失望，不思进取。具有自卑心理的孩子孤立、离群、抑制自信心和荣誉感，当受到周围人们的轻视、嘲笑或侮辱时，这种自卑心理就会变得更强，甚至以嫉妒、自欺欺人的方式表现出来。

自卑使人变得十分敏感，经不起任何刺激。自卑的孩子在面对一件事时常常会这样想："这件事我无论如何也干不了，我不是这块料。""我对这件事太没有把握了。"每个人都知道，如果在做一件事前就对这件事根本不抱成功的希望，甚至一开始就从心理上自己打击自己没有将事情做好

的勇气，那么这件事无论如何都不可能做成的。对于自卑感强烈的孩子来说，缺乏自信是他们生活的常态，他们总是习惯于拿自己的缺点跟他人的优点作比较，结果越比越气馁，甚至感到这个世界上越来越没有自己的立足之地，在他们眼里，就连父母看待他们的眼神都是充满了对弱者的同情的。与此同时，自卑的孩子习惯了失败的感觉，因此他们对于失败已经麻木了，这对于孩子来说是非常严重的问题，因为无论今后做任何事，他们都可以找到为自己的失败开脱的理由——我本来就不行。

面对因为受委屈而变得有些自卑的儿子，父亲林继明告诉林书豪："即便有些人对你品头论足，你也必须保持冷静，绝对不能因此动怒。只要你赢下比赛，人们自然会尊重你。"林书豪果然做到了。高中最后一个赛季，他交出了场均 15 分 7 助攻 6 篮板 5 抢断的华丽数据，率队取得 32 胜 1 负的惊人战绩，并最终在加州二级联赛成功夺冠。这时候，林书豪的身高也蹿到了 1.88 米，甚至超过了那些曾经取笑过他的学生。

林爸爸会语重心长地开导儿子，而林妈妈则会时刻抓住机会维护儿子的荣誉。林书豪在高中时篮球成绩已经非常出色，但在申请大学时，他却遭到了很多名校的拒绝，最后是哈佛接受了他。林妈妈对儿子遭到拒绝这件事一直耿耿于怀，一次哈佛大学校队与耶鲁大学校队比赛，吴信信四处寻找耶鲁大学队教练詹姆斯·琼斯。琼斯当初也收到了林书豪寄的自荐信和比赛录像，但他并没有被林书豪打动。琼斯回忆说："她越过人群走向我，我不知道她是不是被我气疯了。我跟她说林书豪这场比赛打得棒极了，而她却面无表情地说：'当然，可是你以前却不要他！'"林妈妈的这番举动当然不是为了给自己出气，而是为了以自己的实际行动给儿子树立自信心，让儿子知道，妈妈在任何时候都是支持他，跟他站在一边的，妈妈是他的狂热粉丝。

林书豪的成长经历告诉我们，当孩子遇到挫折的时候，自卑便油然而生，这是成长必经的过程，同时也是成长的拐点。面对并战胜挫折的过程，也是打造孩子人格、个性的过程。林继明对儿子说的话颇有深意，首先是要保持冷静，别让别人的言谈激怒自己；其次，反击他们的最好方式就是自己的表现。有些家长总是为孩子提供各种物质的保障，当孩子遭到辱骂时，家长恨不得自己替孩子"出头"，这样的做法虽然满足了家长们自己对孩子的爱心和保护欲，但却错失了教育孩子的最佳机会，对于孩子的健康成长，对于孩子正常的人格和心理的形成也是极其不利的。

帮孩子认清心中的梦想与现实的落差

在幼儿园里，我们经常可以看见这样的情景。在老师问起孩子们长大之后想要做些什么的时候，孩子们纷纷回答"我想当工程师"、"我要做宇航员"、"我要做老师"、"我想当医生"、"我的理想是当将军"、"我以后会成为国家主席"……

其实，在每一个幼小的心灵当中都有一份美好而又真挚的梦想。但是，引用现下一句流行语，理想很丰满，现实却很骨感，除了少数幸运儿之外，绝大多数孩子都会逐渐认清梦想与现实的距离。这是成长的过程，同时也是痛苦的过程，在这一过程中孩子的心理极易受到很多不良因素的影响，甚至染上诸如吸烟、酗酒等不良习惯。作为家长，我们当然有必要在这一过程中对孩子的心理和行为加以疏导。

林书豪高中的最后一年是相当辉煌的。他不但课业成绩极其优秀，而且率领校篮球队取得 32 胜 1 负的惊人战绩，并最终在加州二级联赛成功夺冠。夺冠后，全家人都以为林书豪一定能够进入名牌大学并获得篮球奖学金。林书豪将自己的成绩和一张自己打球视频集锦的 DVD 送往了常青

藤联盟的全部 8 所大学，还有斯坦福大学、加州大学以及他梦想中的学府——篮球名校 UCLA（加州大学洛杉矶分校）。

然而出乎林书豪一家预料的是，只有少数的学校给予了回复。"加州大学洛杉矶分校对我不感兴趣，斯坦福则是在假装感兴趣，而加州大学的回应是再联系吧。"林书豪说。对于这其中的确切原因，林书豪无从得知，但他确信肯定跟自己的血统有关。

前 NBA 球员雷克斯·沃尔特斯直言道："就因为林是亚裔球员，人们都会先入为主对他抱有一些偏见。这种惯性的看法并不少见，比如说如果是一名白人球员，他要么是个射术精湛的神投手，要么是个性格偏执的暴脾气。如果他有亚洲血统，那他一定更擅长数学而不是篮球……林书豪是那种一场比赛的分分秒秒里基本都能做出正确选择的球员，但这个优点需要你花很长时间才能发现，这就是大学招生不可避免的缺陷。而如果一名球员的名字没有出现在球探给出的招生名册前 100 名里，很遗憾，教练基本不可能招他。"

最终，哈佛给他提供了一个机会，但林书豪必须要自己承担高昂的学费，因为哈佛虽然是世界上最顶尖的高等学府，却根本就没有篮球奖学金。面对这一情况，父亲林继明表态：全力支持儿子读哈佛。他的理由是：虽然这不是林书豪最喜爱的学校，但是读了哈佛，就意味着能够登上 NCAA（全美大学生篮球联赛）的舞台。要知道，NBA 每年有 80% 以上的新秀都来自 NCAA 的赛场，立志成为一名 NBA 球员的林书豪当然也急需在这样的赛场上证明自己的价值，赢得 NBA 球探们的注意，为将来参加 NBA 选秀打下基础。

出乎林书豪意料的是，哈佛，这个美国一流学府迎接他的依然是冷嘲热讽。当他走进球馆开始热身时，有工作人员跑过来提醒他说："这里举行的是篮球比赛不是排球！"当他在客场打比赛时，有人在看台上大声对他说："回中国去吧！"可是，早已学会隐忍的林书豪还是选择了沉默，因为他记得父亲说的那句话:"只要你赢下比赛,人们自然会尊重你。"

每个人的人生道路都不可能一帆风顺,总有些事不遂人意。哈佛的篮球水平虽远远不及斯坦福、加州等大学,但为了打NCAA,父亲林继明愿意负担高昂的学费,他告诉儿子:虽然有时候看似走了"弯路",但自己心中的终极目标是篮球。人生总是充满曲折的,只要朝着自己的目标前进,总有达成心愿的那一天。

篮球不能急于求成,教育也一样

大多数中国父母的教育理念就像是遛狗,而林书豪父母教育儿子的思路则像是种树。何为遛狗,何谓种树?遛狗就是在小狗的脖子上套上一根项圈,主人走到哪里,小狗就跟到哪里;而种树则是让树自由地生长,只有当树生出歪枝的时候,园丁才会拿起剪刀把树修剪整齐。事实上,中国父母的教育理念总是失之急躁,总想让孩子顺着自己设计好的道路按部就班地走下去。林书豪的父母则并不急于求成,甚至在林书豪本人表现出急躁心理的时候,他们还会站出来平息他的不良情绪。他们是园丁。

来到了大学赛场的林书豪急切地想证明自己,他几乎把所有课余时间都花在了篮球上。但第一个赛季,林书豪平均出场时间只有18分钟,场均4.8分,表现一般。

看着垂头丧气的儿子,林继明说道:"不要急于求成,你首先是一个哈佛大学的学生,完成学业是你首要的职责。""欲速则不达",此时,林书豪才体会到这句中国成语的深刻意义。他开始合理分配学习与训练时间,该学习时,一定全身心地扑在学习上,学习累了再到篮球场上挥汗如雨,这

样学习与打球二者相得益彰。不仅如此，他还当上了哈佛大学校报的编辑。与同学、老师关系融洽的林书豪，第二个赛季出场时间飙升到 31 分钟，场均得分也达到 12.6 分。

大学 4 年，林书豪每一年的表现都比前一年更加出色。到了大四赛季，林书豪已经成为了哈佛大学校队的绝对主力，得分、助攻和抢断都排球队第一。2009 年，林书豪在对康涅狄格大学的比赛中独得 30 分；3 天后他又拿下 25 分，连续两年击败波士顿学院。7 胜 2 负的开局创下哈佛大学男篮 25 年最佳战绩。一个身高仅有 1.91 米的华裔后卫成为比赛主宰，NCAA 赛场上似乎还从来没有发生过这样的事。

林书豪征服了美国篮坛，那些曾经对他冷嘲热讽的人也成了他的拥趸，他终于用成绩赢回了尊严。2010 年 7 月 22 日，林书豪正式与金州勇士签约，踏入了自己和父亲梦想中的殿堂——NBA。虽然在这个篮球殿堂里几经波折，但父亲教给他的人生信条始终支撑着他，让林书豪迎来了化茧为蝶的最后转变。

刚进大学的林书豪，面对的是"亚洲人打不好篮球"的歧视，更重要的是，他面对的是一个完全陌生的环境和许多陌生的人。父亲让儿子先完成学业，乍看之下仿佛在回避问题，但又寓意深长。结果，林书豪一方面让学业与篮球形成互补与激励，同时又融入环境，恰恰印证了中国"以退为进"的哲理。遇到瓶颈时，退一步或跳出来，往往并没有想象中那样糟糕。